U0215603

世界草原管理机制和保护利用

陈 洁 等 著

中国林业出版社
China Forestry Publishing House

图书在版编目（CIP）数据

世界草原管理机制和保护利用／陈洁等著. -- 北京：
中国林业出版社，2024. 12. -- ISBN 978-7-5219-2946
-1

Ⅰ. S812. 5

中国国家版本馆 CIP 数据核字第 2024UL3135 号

责任编辑：洪　蓉
封面设计：睿思视界视觉设计

出版发行　中国林业出版社
　　　　　（100009，北京市西城区刘海胡同 7 号，电话 83143542）
电子邮箱　cfphzbs@163. com
网　　址　http：//www. cfph. net
印　　刷　北京中科印刷有限公司
版　　次　2024 年 12 月第 1 版
印　　次　2024 年 12 月第 1 次印刷
开　　本　787mm×1092mm　1/16
印　　张　11
字　　数　220 千字
定　　价　85. 00 元

本书著者

陈　洁

何　璆　　廖　望　　王雅菲

王　璐　　苏军虎　　李　茗

草原是全球最大的陆地生态系统，占全球土地面积的25%，是地球上分布最广的植被类型。草原支持了世界50%的家畜饲养，支撑着全球30%的人口生活生计，与耕地和水域同为人类三大食物来源，很大程度上保障了全球粮食安全。同时，草原具有非常重要的生态功能，储存了全球陆地碳储量的1/3，为大量野生动物提供了栖息地，在解决生物多样性丧失、气候变化和土地退化三大全球危机方面发挥着重要作用。然而，草原生态功能长期以来被忽视，草原保护修复工作受到的重视远远落后于森林保护修复。草原生态系统是全球保护力度最低的生态系统，草原丧失和退化的速度远超保护速度，只有少数大面积草原被完整保留下来，其他的草原均面临气候变化、野火等自然因素及过牧、造林、开垦等人类活动的不利影响，造成大量碳排放和野生动物群落快速减少。

中国是世界上草原资源最丰富的国家之一，面积近4亿 hm^2，约占世界草原面积的13%，占我国国土面积的41.7%，是我国森林面积的2.5倍。然而，我国人均草原面积低于全球水平，只有0.29hm^2，相当于世界平均水平的59%，是美国的38.2%，俄罗斯的45.3%，澳大利亚的1.7%，新西兰的11.1%。此外，我国草原生态系统极为脆弱，90%以上的草原处于不同程度退化中，其中约1/3处于严重退化状态，草原资源急需保护修复。为了改善草原过度利用、草原退化严重等问题，2018年根据国务院机构改革方案，国家林业局更名为国家林业和草原局，承担了草原资源保护利用管理的职能，统筹森林、草原、湿地资源的监督管理，草原生态保护的研究和实践越来越得到重视。

为了更好地借鉴其他国家和地区促进草原生态保护、草原资源可持续利用及草产业发展的经验和教训，提高我国各相关部门草原生态保护和可持续利用的认识水平，推动我国草原相关产业更快更好地发展，在国家林业和草原局草原管理司、国际合作司等领导部门的支持下，中国林业科学研究院林业科技信息研究所自 2018 年开始针对世界草原管理机制、草原生态保护和草原产业发展等方面开展了动态跟踪与政策研究，旨在为我国草原生态保护、产业发展等政策制定提供参考。

《世界草原管理机制和保护利用》汇集了世界草原管理和保护利用研究成果，针对管理机制、草原补偿、草原监测和草种业等主题，对重点国家和地区的政策法规、行动措施、成效影响等进行了研究分析，为草原管理政策制定，以及广大草原工作者开展草原生态保护利用提供参考。

全书共分为上下两篇，由陈洁主笔，各章作者如下：上篇第一章，陈洁、王璐、廖望；第二章，陈洁、何璆；第三章，陈洁、何璆；第四章，廖望、陈洁；第五章，陈洁、王璐、李茗；第六章，陈洁、李茗；第七章，王雅菲、陈洁；下篇第一章，陈洁、苏军虎；第二章，何璆、陈洁；第三章，何璆、陈洁、王雅菲。

由于世界各国均将草原作为重要的生产资源，草原生态保护和资源可持续利用的研究和实践时间不长，相关资料有限，加之研究团队对草原知识及其把握能力有限，疏漏之处在所难免，敬请各位读者批评指正。

著　者

2024 年 8 月

目 录

下篇　国外草原保护和利用

上 篇
世界草原管理机制

第一章
全球草原资源概况

草原是地球上分布最广的植被类型，被称为"地球皮肤"，是仅次于森林生态系统的陆地第二大生态系统，不仅是重要的畜牧业生产基地，而且极具生态重要性，自然和人文景观壮美多样，在生物多样性保护、应对气候变化、人类可持续发展等方面发挥着重要作用。全球草原总面积为52.5亿 hm²，占全球陆地面积（格陵兰岛和南极洲除外）的40.5%，其中13.8%的全球土地面积（格陵兰岛和南极洲除外）为木质热带稀树草原和热带稀树草原，12.7%为开阔及封闭的灌木地，8.3%为非木质草原，5.7%为苔原（White et al.，2000）。然而，在人类发展史中，草原的生产属性一直强于生态属性，导致大量生长良好的草原被改为农用地，剩下的通常是土壤、植被质量欠佳且面临过牧威胁的草原。此外，人类定居点增长、荒漠化、火灾、草原破碎化、外来入侵物种也是草原面临的主要威胁。因此，世界各国普遍关注草原的可持续发展及其对环境、社会、生态的作用，强调草原的保护性利用。

一、草原的定义

在草原保护利用中，由于草原界线难以确定、缺乏一致的冠层结构、更易受到干扰而改变生态特征以及草原分布区广泛多样，加之人类从地理学、植物学等多种不同视角来定义草原，草原的定义可谓是多种多样，但这也表明形成统一的草原定义是困难的（赵安，2021）。这已成为制定实施有效的草原保护利用政策的最大障碍。

一直以来，不少机构和学者利用不同方法对草原进行定义：一是按植被来定义和分类草原，将草原定义为以草本物种为优势植被组成的生态系统，例如联合国环境规划署（UNEP）认为草原是覆盖有草本植被且树灌覆被物占比不足10%的地区。也有将草原定义为草与灌木混合生长且交替成为优势物种的生态系统。如联合国教科文组织（UNESCO）（1973）将其定义为覆盖着草本植被且树灌覆盖率为

10%~40%的土地。二是根据气候、土壤、人类利用活动来进行定义(White et al.，2007)，以满足不同管理目标。例如，美国航空航天局将草原定义为夏季长期干旱、冬季冷冻且以草本植被为主的地区。总体而言，在草原的概念和定义中，多强调草原以禾草为优势植被且缺少林木的特征，但也指出草原包含草的全部生长形式，包括禾草、窄叶草和宽叶草。因此，从技术层面上而言，"杂草地"可能是一个更为确切的称谓。然而，鉴于禾草是草原最典型的组成部分，"草原"一词更为普遍使用。

从狭义上讲，草原被定义为以禾草为优势植物且没有或有极少乔木的生态区(Suttie，2005)。例如，UNESCO 就将草原定义为乔木和灌木低于10%的由草本植物为优势植物的土地，及乔木和灌木占地比例为 10%~40%的疏林草原。由于草原多用于放牧，因此草原在很多国家又称为草场(rangeland)或牧场(patureland)。Stanimirova 等(2020)从经营管理角度对两者进行了区分和定义。草场指粗放式管理的，为家畜和野生动物提供食草的原始开阔草原，而牧场则特指集约化管理的且通常设有围栏的草原，主要用于家畜生产。

从广义上讲，草原的含义实质上更为广泛，不但包含了一系列生态植被类型，如树林、沙漠、苔原和湿地等，而且涉及社会生产许多层面，包括"社会因子群""草畜—社会界面""外生物生产层"等概念，是以土壤、草地、家畜、牧民为一体的生物群落与其生态环境间在能量、物质、信息上的交换及相互作用过程所构成的一种复合生态系统(任继周等，2004；赵安，2021)。这更契合草原保护的内容和目标，因此许多机构在草原保护工作中广泛采用了草原的广义定义。例如，WRI(2000)在其草原生态系统监测与评估中，就将草原定义为由草本和灌木植被为优势植被的且通过火、放牧、干旱和/或寒冷温度得以保持的陆地生态系统。联合国粮农组织(FAO)认为《牛津植物科学词典》为草原给出了一个非常简洁的定义(Suttie，2005)，即草原分布在适合禾草生长且其气候、人类活动等因素限制了树木生长的地方，由于其降雨强度介于雨林和沙漠之间且由于放牧和野火等原因，草原在逐渐扩大，并代替林木成为一种偏途顶级群落。

世界自然基金会(WWF)(2014)在草原分类研究中也采用了广义的定义，即草原是由非禾本科和/或禾本科杂草为优势植被且植被覆盖度至少为10%的非湿地类土地；温带草原中的树林仅是单层林，且树木覆盖率低于10%，树高不足5m；而热带草原的树木覆盖率不到40%，且树高不足 8m。根据此定义，草原不但包括了无林草原，还包含了疏林草原、林地、灌木地和苔原。这种定义可以促使人们采用综合的方法，对草原生态系统的商品和服务进行综合保护和利用，包括牲畜生产、草原生物多样性保护、碳汇、旅游休闲等方面。

二、草原的分类

从广义的定义而言，草原包括在较干旱环境下形成的以草本植物为主的植被。由于其复杂性、广阔性和多用途性，人们通常从多个维度对草原进行分类。

最为普遍的是按照草原的分布区位来划分。按照此划分方法，全球草原可分为热带草原和温带草原。热带草原通常位于沙漠和热带森林之间，通常指撒哈拉以南非洲地区和澳大利亚北部的热带稀树草原（savanna）。温带草原通常位于沙漠和温带森林之间，指位于欧亚地区、北美和南美潘帕斯地区的草原。其中，北美温带草原以高草草原（prairie）为主，而欧亚地区草原（steppe）多为矮草草原。

此外，还可从多个维度对草原进行划分：①根据人类活动的影响来分，可分为人工草原和天然草原，或者暂时性草原和永久性草原（Peeters et al.，2014），如按农业生产系统来分，则可分为天然草原、半天然草原和改良草原（Bengtsson et al.，2019；Bullock et al.，2011）。②根据生物学和生态特点，可将草原划分为四个类型，即草甸草原、平草原（典型草原）、荒漠草原和高寒草原。③根据草原植物对温度的反应，可划分为耐寒型和喜暖型两大类，耐寒型草原分布在中温带、寒温带及高寒山地中，喜暖型草原则分布在热带、亚热带及暖温带。④根据禾草的高度，草原可分为高草草原、中草草原和矮草草原，1m以上为高草草原，30~90cm为中草草原，30cm以下为矮草草原。

世界自然基金会（WWF）与IUCN等机构合作，从草原的地理分布、特征等方面综合考虑，采用综合性的生物地理学方法，利用世界陆地生态区（即地球陆地生物多样性空间区划体系）和国际植被分类体系，将草原分为四类。该分类体系得到较为广泛的认可（Target Study，2018）。这四类草原分别是：

1. 热带和亚热带草地、稀树草原和灌丛

这一类草原多分布在年降水量90~150 mm的热带及亚热带半干旱与半湿润气候区之间，主要以禾草和其他草本植物为主。稀树草原和灌木地是最重要的两种草原类型。稀树草原分布着零星的树木，多为相思树和猴面包树。灌木地主要分布着乔灌或低灌。草原中生长有大型哺乳动物，且恢复潜力大，但过牧、农耕和大面积火烧在迅速改变天然植物群落，并致使此类草原退化。其中，包含了热带淡水沼泽、湿草甸和灌木地及热带低地草原、灌木地和稀树草原这两个亚类。

2. 温带草地、稀树草原和灌丛

这类草原的优势植被是禾草和灌木，生长在温带半干旱与半湿润之间的区域。总体而言，这类草原一般不生长树木，除非是在河滨地区；土壤肥沃且富含养分与矿物质。一些大型食草动物、食肉动物和鸟类也生长于此。温带草原、草甸和灌木地，温带半沙漠灌木地和草原，以及寒温带半沙漠灌木地和草原均属于

5

此类草原。

3. 泛滥草原

这类草原通常分布在亚热带和热带地区，一般为季节性和常年性冲积而成，气候温暖，土壤养分丰富。由于其独特的水文机制和土壤条件，大量植物和动物生活于此。地中海灌木地、草原和非禾本科杂草草甸，以及寒带草原、草甸和灌木地都属于泛滥草原。

4. 高山草原和灌木地

这类草原通常位于树线之上的山区，常称为高山苔原，主要分布在南美、东非和青藏高原及其他类似的高海拔地区，气候凉爽潮湿，阳光强烈。高山灌木地、非禾本科杂草草甸和草原，以及热带山地灌木地、草原和稀树草原是该类草原的两个亚类。

三、全球草原资源分布

（一）草原总体分布

按照广义的草原定义，全球草原(包括生长有非木质植被的稀树草原、树林、灌木、苔原等)主要分布在森林和沙漠的中间地带。而天然草原一般分布在年降水量 500~900 mm 的栗钙土、黑钙土地区。由于草原在全球广泛分布，除了南极洲之外，草原在各大洲均有分布，且不同地区有不同特征，因此各地草原的名称亦不同。在美国中西部，草原被称为 prairies；南美通常把草原称为 pampas；欧洲草原多称为 steppe，而非洲草原则称为 savannas(National Geographic，2023)。

然而，草原在全球的分布并不平衡，非洲、亚洲、拉丁美洲和大洋洲所占比重较大，欧洲最小。从国别而言，全球有 28 个国家拥有超过 50 万 km² 的草原，半数以上是撒哈拉以南的非洲国家；其中，有 11 个国家的草原面积超过 100 万 km²，除南极洲外均有分布，即非洲撒哈拉以南地区(前苏丹和安哥拉)、亚洲(中国、哈萨克斯坦和蒙古)、南美洲(巴西和阿根廷)、北美洲(美国和加拿大)、欧洲(俄罗斯)和大洋洲(澳大利亚)。草原面积前 10 位的国家分别是澳大利亚、俄罗斯、中国、美国、加拿大、哈萨克斯坦、巴西、阿根廷、蒙古和安哥拉(White，2000)，其中前 5 位国家的草原面积都超过了 300 万 km²。

温带草原分布在欧亚大陆温带、北美中部、南美阿根廷等地，那里气候夏热冬冷，年降水量为 150~500mm，多在 350mm 以下。欧亚大陆草原、北美大陆草原和南美草原是最重要的温带草原。其中，欧亚草原包括欧洲草原和亚洲草原，主要分布在东欧平原的南部，以及哈萨克斯坦、蒙古和中国的西北、内蒙古、东北大平原北部。北美大陆草原从加拿大南部经美国延伸到墨西哥北部。南美草原称潘帕斯草原，主体部分在阿根廷，草地面积 1.4 亿 hm²，一部分在乌拉圭，草地面积 0.14 亿 hm^2。热带草原又称热带稀树草原，通常分布在热带雨林和沙漠之间且雨季降水量 300~1500mm 的地区。非洲、南美洲、澳大利亚和印度是主要的热带草原分布地。澳大利亚热带稀树干草原主要分布在西部、大陆北部和东部的内陆。

（二）非洲草原

非洲拥有广袤的草原，主要分布在干旱半干旱地区。非洲草原具有极其丰富的生物多样性，为大量野生动物提供了适宜的栖息地。同时，为当地民众创造了丰富的环境、社会、经济、碳汇等效益，是重要的生活生产资源，是畜牧业发展重要地区（张英俊等，2011）。大约 2.68 亿牧民生活在草原地区，为非洲国家贡献了 GDP 的 10%~44%。非洲草原按气候、地理等因素可以分为温带草原和热带草原。

1. 热带草原

热带草原分布在非洲热带雨林的南北两侧，即在北纬 10°~17°、南纬 15°~25°之间以及东非高原的广大地区。东部高原的赤道地区以及马达加斯加岛的西部，呈马蹄形包围热带雨林；草原面积约占非洲陆地总面积的 40%，是世界上面积最大的热带草原区。

非洲热带草原的植物具有旱生特性。草原上大部分是禾本科草类，草高一般在 1~3m 之间，大都叶狭直生，以减少水分过分蒸腾。草原上稀疏地散布着独生或簇生的乔木，叶小而硬。草原多有蹄类哺乳动物，如各种羚羊、长颈鹿、斑马等，还有狮、豹等猛兽，昆虫类中白蚁最多。

东非、北非和西非地区是热带草原的最重要分布区。东非高原海拔较高，气压较低，同时气温较低，上升气流较弱，不容易成云致雨，令空气中水汽含量较少。因此，温度、降水都达不到热带雨林的形成条件，所以就形成了热带草原气候。北非草原大部分位于阿特拉斯山脉，山脉南部地区以干草草原为主，其南缘大部分地区为沙漠，是热带气候区和地中海地区之间的一道天然屏障。西非的草原位于南部雨林和北部沙漠之间，从塞内加尔和冈比亚一直向东延伸到尼日利亚，年降水量从南部的 1000mm 到北部逐渐减少到 600mm。

2. 温带草原

非洲温带草原主要分布在南非，津巴布韦也有少量分布。南非是一个亚热带国家，地处非洲最南端，国土面积 122 万 km^2。

草原是南部非洲国家重要的天然植被，其面积约为 30 万 km^2。大部分草原位于中部内陆高地的半干旱到干旱地区。其中，大草原（veldt）分布在半干旱地区，稀树草原分布在北部和东部地区，干草原（steppe）则分布在中部和西部地区。由于海拔原因，非洲温带草原气候不同于其他亚热带国家，年均降水量为250~800mm，多分布在夏季，冬季漫长干燥。境内植被的分布也各有特色，植被类型和植被量在不同气候和地理区极具不同（Gei Bler et al.，2024）。

由于草原与森林等其他植被连在一起，因而具有丰富的动植物物种多样性，在农业经济发展中占据重要地位。因此，草原也是南非大部分人口的定居地，是农业生产和经济发展的重要基地。反映在草原权属结构上：70%属于私有且用于商业生产，14%是集体管理且边界不清晰，而另外16%是保护区或城市及企业所有草原。

（三）南美草原

南美草原以温带草原为主，包括四个生态区，即 Páramos（安第斯山脉北部地区）、安第斯山脉中部地区、潘帕斯和坎普斯，以及巴塔哥尼亚草原，总面积约 233 万 km²，占南美大陆面积的 13%（表 1-1）。

表 1-1　南美温带草原基本情况

生态区	分布国家	总面积（km²）	纳入保护地的面积（km²）	保护地比例（%）
Páramos	厄瓜多尔、哥伦比亚、委内瑞拉	35770	15515	43.4
安第斯山脉中部	秘鲁、玻利维亚、阿根廷、智利	740000	68820	9.3
潘帕斯和坎普斯	阿根廷、乌拉圭、巴西	750000	6685	0.9
巴塔哥尼亚草原	阿根廷、智利	800000	25000	3.1
总计		2325770	149600	6.4

资料来源：TNC，2014.

Páramos 属于新热带高山生态系统，主要位于安第斯山脉热带地区的高山部分，即树线和常年雪线之间，海拔 3200~5000m，从委内瑞拉南部延伸到秘鲁北部，总面积约为 35770km²。

安第斯山脉中部草原位于安第斯山高地海拔 3000m 以上地区，以禾草、草本植物、灌木为主要植被，一般少树或无树。其中，处于安第斯山脉东部地区的草原称为安第斯草场，即从北部地区的 Páramos 草原向南延伸，贯通秘鲁、玻利维亚和阿根廷北部地区到达阿根廷科多巴省的山区地带，禾草浓密，气候较为湿润。在其西边，则分布着更为干旱的草原类型，通常称为 Puna 草原，主要分布在秘鲁北部和阿根廷北部地区之间海拔 3400m 的山地上。

潘帕斯和坎普斯草原生态系统是南美大陆的主要放牧地，主要分布在拉普拉塔平原南部，即南纬 24°~35°之间，包括乌拉圭、阿根廷东北部、巴西南部、巴拉圭南部等地区，面积约 50 万 km²。属于南美亚热带湿润气候下的热带混生乔灌木干草原，禾草类型为高草，小灌木和树木零散地分布在溪流河岸。

巴塔哥尼亚草原总面积超过 80 万 km²，位于南美大陆的南端，即南纬 39°～55°之间，属于温带干草原。主要分布在智利和阿根廷，西接安第斯山，东边和南边面临大西洋。该地区年降水量较少，为 150～500mm，冬季降水量占全年的 46%。年均气温也很低，为 0～12℃。

（四）北美草原

在北美洲殖民时代，分布着大片连绵的草原，统称北美大草原。北美大草原位于北纬 30°～60°、西经 89°～107°的广大温带平原地区，是世界上面积最大的禾草草地，也是世界著名大草原之一。广义的北美大草原指位于拉布拉多高原、阿巴拉契亚山和落基山之间的北美洲中部平原；狭义的北美大草原指北美洲中部平原的西部地区。

北美大草原外貌总体平整而缓缓向东倾斜，东西长 800km，南北长 3200km，总面积约 130 万 km²。主要分布在北美大陆中部和西部地区，包括美国的科罗拉多州、堪萨斯州、蒙大拿州、内布拉斯加州、新墨西哥州、北达科他州、俄克拉何马州、南达科他州、得克萨斯州和怀俄明州，加拿大草原三省(阿尔伯塔省、曼尼托巴省和萨斯喀彻温省)及墨西哥的一小部分。

在大陆西部，加拿大三省的草原向南延伸至墨西哥湾。而位于美国大平原的草原西临高山和沙漠，东接落叶林，从西到东的年降水量为 320～900mm，其生态区也从西到东各不相同。美国大草原也称为普列利草原，由于降水、地形等因素，从东到西分成三类草原，即高草草原、混合草草原和矮草草原，其中高草草原主要分布在条件较好的水分较为充足的西部地区。大草原以东经 100°为界，此线以东为高草区，主要的禾草有须芒草；此线以西为短草区，主要分布在西经 101°～105°之间的地区，其主要草种有野牛草、格拉马草等；此线左右地区分布混合普列利草原，高草和短草兼有之[①]。混合普列利草原为北部混合草原和南部混合草原，前者分布在加拿大、蒙大拿州东部地区、内布拉斯加州和怀俄明州东部地区，后者则位于东部高草草原和西部矮草草原之间，即内布拉斯加州南部地区、堪萨斯州和俄克拉何马州中部地区及得克萨斯州。

大部分草原位于海拔 2000m 以下地区，以禾本科植物为主。温度条件依地区而异，但植被以年降水量 600～1000mm 的地区发育较好。这里广泛发育着独特的北美草原土。在稳定的群落中以针茅、冰草、落草、早熟禾、鼠尾粟和野麦等属类的植物为代表，为大量野生动物和鸟类提供了栖息地。北美草原也是玉米和小麦的主要产地。当降水量进一步增加时，草原则可能转变为森林。

---

① 资料来源：中国资源科学百科全书，2000。

（五）亚洲和欧洲草原

亚洲和欧洲的大部分草原连绵在一起，统称为欧亚草原。欧亚草原位于欧亚大陆上，是世界上面积最大的草原，自欧洲多瑙河下游起，呈连续带状往东延伸，经东欧平原、西西伯利亚平原、哈萨克丘陵、蒙古高原，直达中国东北松辽平原，横跨欧洲和亚洲两大洲，构成地球上最宽广的欧亚草原区。其北部与俄罗斯东部地区、西伯利亚和俄罗斯亚洲地区的寒温型针叶林带相接，南临欧亚大陆荒漠，但南部的分界线并不明显。主体部分约在北纬 45°~55°之间。

其中，欧洲草原面积约 8278.3 万 hm^2，主要分布在东欧平原的南部，以禾本科植物为主。南乌克兰、北克里木、下伏尔加等地属于干草原，植被稀疏，除针茅属、羊茅属植物以外，还有蒿属、冰草属植物。亚洲草原面积为 75944.5 万 hm^2，主要分布在中哈萨克斯坦、蒙古和中国的西北、内蒙古、东北大平原北部。自然植被主要是丛生禾草(针茅、羊茅、隐子草)等组成的温带草原，并混生多种双子叶杂类草[①]。

根据区系地理成分和生态环境的差异，欧亚草原区可区分为 3 个亚区：黑海—哈萨克斯坦亚区、亚洲中部亚区和青藏高原亚区。

黑海—哈萨克斯坦亚区位于欧亚草原区西半部，其东界大致与我国新疆和哈萨克斯坦的边界相接，由于受地中海气候影响，春季温暖湿润，全年形成春秋两个生长高峰，春季短命和类短命植物发达。东欧大草原(Pontic Caspian Steppe)位于该亚区。东欧大草原从多瑙河河口起，从东北方向一直延伸到喀山，向东南方向延伸到乌拉尔山脉南端。其北部与大片森林相连；在东南部，黑海—里海草原位于黑海和里海之间，一直延伸到高加索山脉；在西部地区，匈牙利大平原被特兰西瓦尼亚山脉阻隔，与东欧大草原的主体部分隔山相望；在黑海的北岸，克里米亚半岛上有一些内陆草原，其南海岸的港口将草原与地中海盆地文明连接在一起。

亚洲中部亚区位于欧亚草原区东北部，主要包括蒙古高原、松辽平原和黄土高原。由于春季干旱，全年只有夏季一个生长高峰，缺乏春季短命和类短命植物。亚洲中部亚区又称为喀山草原，从乌拉尔山起，一直到准噶尔盆地，其南部逐渐进入半荒漠和荒漠地区，其东南部是人口稠密的费尔干纳盆地，其西部分布大型绿洲城市，如塔什干、撒马尔罕和布哈拉等。作为欧亚大陆草原的一部分，新疆阿尔泰山以及塔尔巴哈台山、乌尔卡沙尔山、沙乌尔山等山地分布着最美丽的山地草原，与哈萨克斯坦的草原连为一体。这一草原区域，山前平原及低山区的降水量为 120~200mm，并且随着海拔升高有所增加。此外，在我国分布着荒

---

① 资料来源：中国资源科学百科全书，2000。

漠草原，主要分布于内蒙古中北部、鄂尔多斯高原中西部、干草原以西及宁夏中部，甘肃东部，黄土高原西部和北部，新疆的低山坡。植被具有明显旱生特征，组成种类少，主要由针茅属的石生针茅、沙生针茅、戈壁针茅，蒿属的旱篙子蒿，以及无芒隐子草、藻类及一年生植物。

青藏高原亚区是世界上海拔最高的草原区域，主要位于中国境内，为高寒草原类型。通常位于海拔 4000m 以上，在高寒、干燥、强风条件下发育而成的以寒旱生多年生丛生禾草为主的植被型草地称为高山草原（高寒草原）。分布于青藏高原北部、东北地区、四川西北部，以及昆仑山、天山、祁连山上部。群落中常出现高山垫状植物，包括混生垫状植物、匍匐状植物和高寒灌丛，如点地梅、蚤缀、虎耳草、矮桧等。植物分布较均匀，层次不明显。草层高 15~20cm，覆盖度 30%~50%，产草量低。宜作夏季牧场，适于放牧牛、羊、马等家畜。

（六）大洋洲草原

大洋洲的草原通常被称为牧场，主要分布在澳大利亚内陆地区和新西兰。在澳大利亚，有 75% 的草原被称为牧场，而新西兰有 50% 的草原被划为牧场。

大洋洲是世界上海拔最低、地势最平坦且气候第二干旱的大洲。澳大利亚国土面积的 2/3 都用于农业生产，主要是畜牧业。草原东西宽 3100km，南北长 1400km，主要为热带稀树草原，覆盖了四个州和北领地的自然资源管理区，包括昆士兰州的荒漠沟渠自然资源管理区和西南自然资源管理区、南澳干旱土地自然资源管理区和 Alinytjara Wilurara 自然资源管理区、新南威尔士州西部地方土地局、北领地自然资源管理区和西澳牧场自然资源管理区。

在澳大利亚草原上，很少有城市，除了几个主要的小镇之外，多为偏远的小社区。其植被类型多样，从热带林木到灌木及草原应有尽有。草原植被通常以三齿稃草为主，丛生草的底部能捕捉风吹沙，形成典型的圆丘。北方较湿的草原区以黄茅属（*Heteropogon*）和高粱属（*Sorghum*）为主，米契尔草属（*Astrebla*）广布于季节性干燥区，尤其是在东部断裂的黏土上。其他禾草种类通常是次要的，但也有可能在某些地方是优势草种。

四、全球草原资源管理趋势与面临的问题

（一）草原资源管理趋势

草原作为生产资料和自然资源，是具有多种功能的自然综合体，在生态保护、应对气候变化、产业发展、旅游与休憩等方面具有重要的作用和功能。随着草原在经济发展和生物多样性保护的重要性日益凸显，各国越来越重视草原资源的保护利用，其管理机制日益完善。从主要国家草原资源保护利用管理分析来

看，目前各国在草原管理方面仍以利用为主，但为了更好地利用，相关保护工作也在陆续推进，并取得了相当的进展。纵览全球，草原保护利用管理呈现出以下趋势：

1. 建立长期持续的政策支持，保证草原可持续发展

世界各国草原资源管理经验表明，草原保护政策的长期性和延续性是保证草原保护性利用的重要基础条件，有利于促使草原所有者进行长期规划设计，促进草原和草原畜牧业长期可持续发展。例如，美国草原保护政策执行时间都很长，退耕（牧）还草项目（CRP）、放牧地保护计划（GLCI）、环境质量激励项目（EQIP）这 3 项重大政策分别从 1985 年、1991 年、1996 年起开始实施，时至今日依然有效。加拿大自 1935 年开始根据《草原农场复兴法》推行社区牧场计划，一直到2012 年宣布撤除草原农场复兴管理局（PFRA）并将联邦政府管理的牧场逐渐移交给省政府，一共持续了 77 年，不但提高了退化草原的生态价值，而且还提高了土地生产力。作为最早制定生物多样性管理机制的国家之一，英国在草原资源管理方面积累了丰富经验，通过各类自然保护政策与立法，积极响应《联合国生物多样性公约》《欧盟生态指令》等国际、区域的重要进程，建立了生态保护合作伙伴协商机制、农村发展框架下的补贴政策。同时在防治草原火灾、病虫害等方面不断创新，建立社区共管政策，促进社区参与草原防治和保育工作。

2. 多部门参与草原管理， 管理权变化趋势明显

在各国草原管理机制中，有两个特别明显的特点：一是草原管理分属各个不同的部门，其管理区域和管理重点各有不同。由于草原具有经济、生态、环境和社会等不同属性，各国草原管理职能并不是集中在某一部门，而是由不同部门分别管理，职责各有不同。美国的草原根据其生产、保护及地理位置，分别由农业部和内务部进行管理，其中农业部下属的多个机构均有参与草原的管理，如林务局主要负责管理与林区毗邻的草原。乌拉圭草原则由乌拉圭住房、国土管理和环境部，乌拉圭农牧渔业部及乌拉圭工业、能源和矿业部共同管理。二是草原管理权因管理目标不同其转移趋势也不同。开展畜牧业生产的草原，管理权有向下转移的趋势。加拿大在 2012 年宣布撤除《草原农场复兴法》（1935 年），成立草原农场复兴管理局（PFRA），并用 6 年时间将该局管理的牧场逐渐移交给草原三省，到 2018 年全面完成移交任务。而在以保护为主要管理目标的草原，国家承担了更多的管理责任。坦桑尼亚各机构相互配合，开展草原保护工作。自然资源和旅游部把握主要方针政策，国家公园管理局和坦桑尼亚畜牧和渔业部等部门共同管理，分工明确，功能设置完备。其中，国家公园管理局承担了草原保护的具体实施工作，同时国家环境管理委员会（NEMC）、坦桑尼亚灾害管理委员会（TAD-MAC）等，对草原自然极端事件及环境灾害进行及时协调和处理。

3. 加强草原管理，促进草原资源的可持续利用

在草原管理中，过牧、草原火灾等都是引发草原退化的主要原因。为此，相关国家采取多种措施，开展技术研究，利用多种形式，加强草原管理，从而保证草原的可持续利用。阿根廷和智利根据卫星图像和实地测量，开发了草场评价方法，采用适应管理模式，通过监测气候、植被和家畜生产量，每年制订放牧计划，并根据实际情况调整载畜率和放牧区，避免过牧现象。巴西、阿根廷、俄罗斯等国家为了确保牧草供应的可持续性，满足牲畜的饲料要求，采取了轮作的方式，与农作物进行轮作，一方面是为了恢复草场，另一方面保证牲畜的饲料供应。此外，采取轮牧，有时还采取刈割的方式，避免禾草生长太快，保证禾草的营养。英国为了保证草原资源可持续利用，针对草原火灾创新管理模式，与农民及土地所有者合作，以安全且可控的方式移除可燃物，包括人工控制火烧等方式，减少破坏性草原火灾发生的频度和破坏程度。美国从空间维度对草原生态和资源状况进行了进一步细分，建立了全面持续的监测体系，利用扎实细致的草原管理基础数据，为加强草原管理提供了强有力的数据支撑。同时，在条件适宜的地区设立了草地相关的自然保护区，紧密围绕保护对象采取保护措施，严格控制外来物种，促进本地物种的自然恢复，保护生物多样性。

4. 产学研用紧密结合，促进草原精细化和数据化管理

草原的保护性利用离不开科技的支持，为了合理利用草原，提高草原的生产力，各国非常重视草原科研及成果转化，利用遥感等信息技术监测草原资源及自然灾害，保证草原的可持续利用。巴西鼓励草原科研机构面向企业需求，由农(牧)场主或私人公司提供科研经费，根据农(牧)场主或私人公司在生产和经营中面临的关键性技术难题，开展针对性的研究，保证科研成果能迅速转化为生产力。英国利用草原科研机构的检测数据，定期出台草种推荐清单，帮助农场主选择适宜的草种进行生产，提高草原生产力。加拿大根据科研成果，实施分类管理经营，针对不同类型的草原实施不同保护措施，有力保障了草原的保护和利用。南非实行草场和饲料种子认证制度，同时保存具有重要经济价值的植物种子，以保护草种的种质资源。美国各州充分利用科研机构，研发出专门的科学模型，用于指导农牧民开展生产，其中养分追踪工具(nutrient tracking tool，NTT)，对气候、水文和技术模式等因素变化后某地区水质及土壤情况的变化趋势进行模拟，让农牧民认识到采用合理的利用方式加强草原保护的重要性，从而自觉采用更为合理的草原利用方式。此外，还鼓励成立合作社，以降低农牧民的草原经营成本、获取先进适用技术(农业部赴美国草原保护和草原畜牧业考察团，2015)。

5. 采取综合性措施促进草原保护性利用

草原是土地荒漠化的最后一道屏障，因此各国针对草原开展了各类保护项目，以期实现在利用中保护、在保护中提高利用效率这一目标。美国开展了自愿性的草原保护项目，促进经营主体自愿限制草原开发，保护草原不被改变为农用地；制定畜牧管理规划，保护草原动植物多样性。阿根廷努力开展草原公园和保护区建设，注重草原公园管理人员的培养，保证草原可持续管理和利用。南非对草原退化和荒漠化进行了系统评估，加强草原和荒漠综合治理，履行相关联合国公约。乌拉圭牧草—作物轮作这种生产模式有力保障了草原的可持续利用，进而逐步建立可持续畜牧业发展和天然牧草保护的双赢模式。英国大力发展草地科学，紧密围绕草地生产和草地利用来开展具体的研究工作，并且通过其完善的农业发展及咨询服务行业，开展科技咨询与推广工作。这种机制让大量科技人员服务于生产一线，帮助英国利用较小的草原面积，发展了较为发达的畜牧业。

6. 积极探索草原自然保护区的建立与管理

草原由于其独特的景观，日益成为旅游、休憩、狩猎等休闲娱乐活动的重要场所。主要草原国家都在积极建立草原保护区或涉及草原的各类自然保护区，一方面促进草原旅游、狩猎等经济产业的发展，改善草原社区的经济结构，提高当地社区的生计收入，另一方面又有利于脆弱或景观丰富的草原得以保护，进而有效保护生活在草原中的各类物种，保持草原的生物多样性。阿根廷通过建立各类草原保护区，有效地保护了各类草原及其景观，同时也为生活在此的野生动植物提供了更为安全的栖息地。并且采用区域划分管理模式，利用先进的管理理念和方法，加强了草原保护区的管理和监测，有效地保护了重要草原保护区（Natale，2012）。加拿大为了加强草原保护，于 1981 年在萨斯喀彻温省南部建立了草原国家公园，保护加拿大为数不多的未被破坏的混合型草原及矮型混合型草原，为少数几种适应严酷环境及半干旱气候环境的植物及动物提供栖息地。建立国家公园和自然保护区也是坦桑尼亚保护草原植被和野生动物的重要手段，不仅保护了重要的动物栖息地，同时也使得草原生态系统与生物多样性保护相互促进、协调发展。同时，利用当地富有特色的旅游资源，为当地创造了大量旅游收入与财富。

7. 积极促进多利益相关方参与草原保护利用

草原的管护离不开政府、非政府组织、农场主、私营机构、科研机构等多利益相关方的参与，如何调研各利益方的积极性，有效推动草原管护，是各国关注的一个重要问题。澳大利亚在制定草原管理计划时充分考虑到土著居民的特殊权益，通过适当的土地管理政策和方案，承认和保护历史传统，鼓励土著居民保持那些有助于草原资源保护的传统做法。加拿大鼓励非营利性机构参与草原保护工作，通过捐赠、购买、订立保护区协议等方式对草原实施保护。巴西通过建立多种形式的合作社，实施产供销一条龙服务，既能增加社员的收入，又能充分满足草原保护性利用的要求。乌拉圭通过建立天然草原保护区，在保护和管理中兼顾私营部门等其他多利益方的利益，鼓励多利益方参与公共政策的制定和实施，形成了生产、社会与环境发展多赢的局面。美国利用非政府组织的专长和网络，提供草场保护的技术，支持促进草原保护利用科学研究和技术推广，同时帮助政府以经济补偿取得草场保护权，提供第三方服务，管理和保护草场。

（二）世界草原资源面临的挑战

目前，世界草原的状况各不相同，但均不尽如人意。一是大部分草原缺乏历史数据，不能从当前状况推断出变化或退化的程度。二是条件较好的草原已被清理改为农用地，剩下的草原通常土壤、植被质量欠佳，却面临过牧的威胁。此外，人类定居点增长、荒漠化、火灾、草原破碎化、外来入侵物种都是草原面临的主要威胁。

1. 草原可持续发展和利用成为全球关注问题

由于世界人口增长，草原是生产肉类食品和乳类食品的主要产区，也是生产羊毛和皮革类产品的主要地区。同时还是野生食草动物的繁殖地、迁徙地和越冬地。因此，草原的可持续发展至关重要。

事实上，没有草原是纯天然的，几乎都受到不同程度的侵扰，如野火或人为火烧影响着并还将继续影响着草原，又如畜牧及野生食草动物对草原产生了或多或少的影响。为更好发展畜牧业或为开垦农田而清除木质植被、为方便放牧利用栅栏对草原进行分区、提供水源以扩大放牧区或延长放牧季、草场改良措施等活动对草原来言，是更具有侵犯性的干扰活动。在所有妨碍草原可持续发展利用的活动中，将草原中水资源较丰富的部分改为可耕地是草原可持续利用所面临的最大威胁。在北美大草原、南美潘帕斯草原和东欧大草原，这一趋势非常明显。这导致人们不得不在不适合农耕的边缘地区进行放牧，使得草原面临更大的生态压力，同时这些地区的人口严重依赖牲畜生存，使草原退化这一问题更加严峻（Bardgett et al.，2021）。大约41%的草原被转变成农业用地，6%用于城市发展，另有7.5%用于造林及其他用途（White et al.，2000）。

由于草原土壤和草原植被保护成为草原可持续发展的重要基础部分，为了确保草原的可持续发展，人们越来越关注草原土壤状况和草原植被这两大因素。在保护未被改为农田且条件不佳的草原方面，畜牧密度、草原对畜牧业的承载力是当今普遍关注的问题。因此，各利益方强烈要求通过政策的出台与实施来实现草原的保护和可持续利用。

2. 草原生物多样性保护任务艰巨

草原生态系统包含了大量有益于人类的产品，包括农作物种子、农作物抗病基因材料等，同时还为大量动植物提供了栖息地，具有丰富的生物多样性。

然而，全球草原面临着生物多样性损失的严重威胁。最主要的原因是人类活动的侵扰。草原用途改变、草原退化、过牧等原因导致草原破碎化日益严重，却未引起人们重视。而草原破碎化进而导致草原动植物栖息地变化，最终致使其种群缩小，甚至灭亡。大量针对草原鸟类的研究表明，草原破碎化越严重，其草原鸟类的生长密度和多样性就越低。其他研究也显示，草原破碎化导致草原动物和植物基因多样性不断减少，同时导致种群数量减小。此外，入侵植物和动物的引进也改变了草原的生态，并影响到其生物多样性维持能力。

目前，不少国家和机构正在加强草原生物多样性的监测工作，并针对鸟类、优势植物和动物、入侵物种、乡土物种建立了数据库，一方面是了解草原生态系统和生物多样性的变化情况，另一方面监测入侵物种以及草原破碎化对草原生态系统健康的影响。今后，建立草原保护地，保护草原植物和动物（包括鸟类），是世界普遍的努力方向。区划重要区域，保护重要动植物的栖息地，密切监测和关注草原道路的密度，减少基础设施建设和畜牧业发展对草原的不利影响，监测外来物种对草原的破坏及影响是当前的热点问题。

3. 气候变化下的草原生态更加脆弱

草原与森林在应对气候变化方面的作用是相似的，既是碳源又是碳库。保护利用得当，则是重要碳库；如利用不可持续，则是一大碳源。

草原是最易荒漠化的地区，同时也是碳储存的重要地区，每公顷草原的碳储存量为 123~154t。据估计，原生天然草原碳储量占全球碳储量的 20%（Slooten，2023）。因此，草原在应对气候变化、减少碳排放方面具有极其重要的作用。然而，草原也更易受气候变化等外在因素的影响。相关研究表明，过去一个世纪以来，在全球 49% 的草原牧场中，降水量年际变化更加显著，不但影响植被生长，而且限制了畜牧业的发展。从澳大利亚到中亚、撒哈拉以南非洲地区、美洲地区，草原牧场已经非常脆弱，或者太干旱或者土壤非常贫瘠，这已经影响到草原的可持续利用，并影响依赖草原牧场为生的小农场主和牧民。此外，草原火灾、过牧、物种入侵、基建等也是改变草原碳储存的重要因素。草原火烧所排放的碳是全球总排放的 42%。过牧不但会减少植物生物质和植被面积，踏实土壤、减少水的渗透、增加径流和土地侵蚀，同时还会导致土壤中碳损失。道路修建对植被和土壤的破坏也会减少植被和土壤中的碳储存。

因此，应对气候变化应加强草原保护，应重点关注草原火灾防治和乡土草种的保护。此外，草原转化成为农地、住房、基建也是普遍关注的问题。

4. 草原旅游与休憩业发展对草原生态破坏的威胁扩大

草原是观赏狩猎动物及开展狩猎的主要场所，这里不但有大型食草动物、鸟类等草原生物，还有壮美的草原景观。因此，成为旅游爱好者的必游之地。此外，一些草原别具宗教、历史意义，还能提供徒步、钓鱼等休憩活动。因此，草原旅游与休憩是草原资源丰富的国家一项重要草原开发活动，特别是发展中国家，开发了大量富有草原特色的旅游活动，吸引大批旅游者，为当地创造了财富。

然而，草原旅游与休憩引发的草原资源退化让人担忧。据相关研究表明，草原旅游在带来大量收入的同时，也对自然资源带来了破坏。坦桑尼亚曾因为游客的破坏，关闭了一处草原旅游区，其原因是大量游客的涌入，带来了大量垃圾，破坏了道路等设施，并占用大量地方搭建帐篷，对野生动物形成侵扰。相对专业的狩猎人员、游客所带来的破坏更巨大、更严重。此外，盗猎也是改变草原的主要因素。盗猎的规模越来越大，其后果是草原动物无序减少，降低了草原旅游的品质，进而影响到草原旅游的可持续发展。这也意味着草原生态系统持续提供旅游休憩的能力将越来越弱。

为了解决这些问题，相关国家正在开展草原休憩服务品质的评价，然而目前这些评价还面临着一系列问题，如缺乏持续、全面的数据，数据不易获取等，导致相关评价不精确、不全面，难以反映草原旅游的影响和后果。

5. 草原权属不清深刻影响草原保护利用方式

全球草原资源或是商业化经营，或由当地牧民经营。在一些国家，特别是发展中国家，草原多为当地牧民经营。牧民经营呈现流动性强、一片多主的现象，导致出现许多问题。一是由于缺乏适当的法律框架，牧民的放牧权属得不到有效划分与保障，尤其是长期权益得不到保证，因此普遍关注短期效益，极易产生过牧现象。而不加遏制的过牧，导致草原退化、草原沙化严重，极易形成严重的生态危机。二是使用权分散，不利于开展适度规模经营，不但导致其单位产值低下，同时也阻碍了牧民加大草场维护、草原经营的投入，一些立地条件较差、需投入较大的地区一般就任其退化。三是家庭经营的形式，使当地牧民处于草原产业的低端，市场风险抵御能力弱，且很难适应市场经济。

因此，要加强草原生态的保护，同时又取得草原经营的高收益，必须赋予牧民以权力，清晰明确其权属。只有这样，才能促进各地开展有效的草原保护行动。同时，如何在大的景观尺度开展大片草场的综合性管理是当今关注的一个重要方面。其中，规划与管理是两大重要问题。

第二章

欧洲

一、 东欧

（一）草原资源类型与分布

东欧地区包括欧洲中部和东部国家(不包括俄罗斯欧洲部分)及巴尔干地区国家，总面积215.4万 km^2。北部和东北部是典型的低地地区，中部和南部是山区。气候以凉爽的大陆性气候为主，南部地区受地中海气候影响（Török et al.，2017）。

1. 分布情况

东欧分布着大面积的草原生境，永久性草原面积超过30万 km^2，其中10%~30%的草原为高价值的天然或半天然草原，主要分布在欧亚草原带的西部边缘区（Willner et al.，2021）。东欧还是古北草原带的西缘，在匈牙利、保加利亚、摩尔多瓦和乌克兰分布着大面积干草原。与西欧草原不同的是，东欧草原有相当面积是退化草原，包括休耕的半改良草原和弃用草原，可以通过恢复和保护措施成为半天然草原。

从分布地区来看，从低地到高山地区均有分布。在低地地区，草原主要分布在冲积沉积地区，且深受河流及其支流的影响。喀尔巴阡盆地、多瑙河中下游平原及黑海低地地区分布着天然森林—草原和干草原，喀尔巴阡山和巴尔干山脉是高山草原的分布区，而巴尔干北部的中低山脉则分布着过牧的牧场和草场。

2. 草原类型

东欧草原主要包括四类，即干草原、高山草原、荒漠草原和半天然草原。

干草原是东欧地区的主要草原类型，以羊茅属和针茅属草本植物为主，且非禾本草本植物资源丰富。主要分布在低地地区和山脚地区，常见于罗马尼亚、乌克兰、波兰、波黑、黑山、阿尔巴尼亚、斯洛伐克、斯洛文尼亚、捷克、克罗地亚、摩尔多瓦、匈牙利、塞尔维亚和保加利亚。

高山草原是具有丰富天然物种的草原，主要植被是禾本科草本植物，包括羊茅属、拂子茅属、薹草属和灯芯草属，分布在斯洛伐克、捷克、罗马尼亚、乌克兰、波兰及所有巴尔干国家山区中的亚高山带与高寒带之间。

荒漠草原由三种类型组成。一是生长在岩石钙质和硅质基底上的浅层粗骨土中的旱生干草原类型草原，多生长有一年生植物、多肉植物和禾草，主要形成于人类大量毁林和放牧过程中。通常分布在乌克兰、捷克、斯洛伐克、波兰、匈牙利、罗马尼亚、保加利亚、摩尔多瓦及巴尔干国家，少见于波罗的海国家。二是生长在内陆沙丘和平原上盐碱沙土中的沙地草原，常见于拉脱维亚、立陶宛、白俄罗斯、波兰北部、捷克和乌克兰等国的冰河沉积地区酸性沙土带、海岸沙丘和冲积平原及匈牙利、斯洛伐克、塞尔维亚、斯洛文尼亚和克罗地亚的冲积沉积地区，主要生长着羊茅属等丛生禾草。三是海岸及内陆盐生草原，主要生长着抗逆性强的禾草，常见于匈牙利和乌克兰，此外在斯洛伐克、塞尔维亚、保加利亚和马其顿等国境内也有分布。

半天然草原主要包括干旱半干旱半天然草原、湿润半天然草原和半天然湿地。干旱半干旱半天然草原分布广泛，特别是在高山地区，草原上维管和隐花植物物种丰富。湿润半天然草原包括人工草场、草甸等，在东欧各国均有分布。半天然湿地包括湿草甸、草本沼泽等，以高莎草等禾草和非禾本草本植物为主，主要分布在低纬度温带和寒带地区及巴尔干降水丰富的亚地中海地区。

（二）草原生态功能与服务

1. 草原生物多样性

东欧温带和半寒带草原拥有多样的维管植物、苔原和地衣，植物多样性高。针对不同草原类型物种丰富度开展的相关研究表明，半干旱嗜碱草原中的维管植物和非维管植物丰富度最高。其中，怀特·喀尔巴阡山、捷克及斯洛伐克、喀尔巴阡山东部丘陵沟壑、乌克兰、罗马尼亚特兰西瓦尼亚等地区的半干旱草原植物物种特别丰富。

同时，东欧草原生态系统还为大量珍稀动植物提供了生境，被视为全球生物多样性热点地区之一（Török et al.，2018）。东欧草原的代表植物种多为本地物种，特别在干草原和森林草原过渡带生长着许多分布范围较窄的物种。同时，东欧半天然草原特别是原生干草原中还生长着丰富的子遗生物物种。在湿地草原和湿草原以及沙地草原及盐生草原中也生长分布范围较窄的物种。例如，湿地草原和湿草原是许多兰科植物、百合科和鸢尾科植物以及莎草科、灯芯草科等非禾本科草本植物的生境。然而，由于管理机制的变化、生境受到破坏及草原破碎化等原因，这些植物极易受到影响。例如，乌克兰干草原生态系统不到1%的区域却为该国 30% 的红色名录物种提供了生境。同样，拉脱维亚半天然草原占国土面积的 0.7%，却生长着 30% 红色名录维管植物物种。

天然半天然草原还是几十种鸟类的栖息地。在拉脱维亚定期栖息的 200 种鸟类，其中 1/4 将草原作为定期栖息地，而且有 15 种鸟类只栖息在草原。波罗的海沿海草场是极危物种滨鹬的栖息地。三种全球性濒危鸟类——水栖莺、大鸨和黑尾塍鹬依赖东欧湿润冲积平原草场而生，而白腰杓鹬和蓝胸佛法僧这两种全球性濒危鸟类也出现在东欧草原中。

2. 草原生态系统服务

天然半天然草原提供着食物、基因资源、花粉、抵御入侵等多种生态系统服务以及多种文化服务，但草原提供天然药物提供和种子散布调节等服务的潜力还未得到充分认识，且评价不足（Willner et al.，2021）。同时，相较于集约经营的草原，粗放经营的天然半天然草原提供了更多样、更高质量的生态系统服务，在碳汇、水过滤储存等方面发挥着更好的作用，不但减少了污染，而且还提供了广泛的文化和非物质服务。

然而，由于半天然草原面积大幅下降，东欧近年来对人为利用半天然草原提供补贴。但只有少部分东欧国家评估了半天然草原生态系统服务的货币价值。例如，捷克通过评估，得到不同类型草原生境的生态系统服务价值为 1.1 万～10.3 万欧元。波罗的海国家也评估了半天然草原在沼气和生物燃料生产方面的潜在价值。拉脱维亚通过评估，提出永久性草原的生物质生产潜力为 $4407 \sim 6661 m^3/$（$hm^2 \cdot$ 年），草原生物质的甲烷生产潜力为 $441 \sim 666 m^3/$（$hm^2 \cdot$ 年），而沼气生产的经济收益潜力为 $139 \sim 220$ 欧元/（$hm^2 \cdot$ 年）。半天然草原的能源生产量可媲美北方寒带能源作物的生产量。其中，冲积草原是能源生产潜力最大的半天然草原，其次是干草原，最后是湿草原。而甲烷生产量最高的是禾本科草本植物。

东欧国家几乎没有对半天然草原的文化服务进行评估。在斯洛伐克，当地居民更为重视草原的服务提供和调节，而不关注其文化服务。在匈牙利，有机农场主更强调草场的美学和社会价值，而传统农场主更强调草场的经济价值。近年来，针对爱沙尼亚半天然草原非市场环境价值开展了条件价值评估研究，发现对半天然草原的年度总需求价值为 1790 万欧元（Török et al.，2018）。总体而言，东欧农场主相较于斯堪的纳维亚和中欧国家的农场主，较少注意到草原的生物多样性价值，对草原保护政策持怀疑态度。

（三）草原管理政策与机制

东欧草原为许多高自然价值的子遗物种提供了栖息地，且包含大比例欧洲及地中海干草原，其生物多样性维系对整个欧洲而言都极其重要。因此，加强草原管理是东欧面临的一项重要任务。

1. 草原政策法规

东欧国家的草原保护政策在苏联解体后发生了较大变化。之前的保护重点是物种保护，很少从生境生态学和物种生存要求的角度采取保护措施。整个自然保育都基于保护区原则，强调绝对保护。例如，拉脱维亚部长委员会在 1977 年发布第 421 号令，禁止在鸟类保护区内的草原上采集干草料，这导致鸟类数量减少，并且大量减少保护区内的半天然草原面积。这类绝对保护在乌克兰仍然盛行，该国现行相关法律禁止在国家自然公园的保护区和保护地中开展调节性措施，这导致这些地区的草原相关保护措施得不到有效实施。同时，由于不干扰自然保育方法的盛行，只有极少数草原被划为保护区。例如，1990 年以前，拉脱维亚的 153 个"自然 2000"保护区中，只有一半的保护区内有草原。

20 世纪后期，东欧国家对半天然草原的政策从不干扰转变为积极保护，最有价值的草原几乎都被划为以自然保护区和国家公园为主的保护地（Squires et al.，2018）。例如，拉脱维亚在 1999—2004 年间，建立了新的"自然 2000"保护区，用以开展草原保护工作，并且将农用地和林地中破碎化严重的草原也划定为保护地。乌克兰境内幸存的几乎所有大面积集水区干草原全部或部分划为保护地，面积达 700km²，包括生物圈保护区、干草原保护区、自然保护区和国家公园。喀尔巴阡山地区，针对国际合作创立的跨境保护区及国家公园，建立了保护地网络，其中包括波兰、斯洛伐克和乌克兰合作建立的东喀尔巴阡山跨境生物圈保护区，以及波兰与斯洛伐克双边合作建立的塔特拉国家公园（表 2-1）。

表 2-1　包含天然、半天然草原的"自然 2000"保护区数量

草原栖息地类型	保加利亚	捷克	爱沙尼亚	克罗地亚	匈牙利	拉脱维亚	立陶宛	波兰	罗马尼亚	斯洛文尼亚	斯洛伐克
天然草原	125	58	0	21	78	24	20	136	52	21	136
半天然干草原及灌木地	167	194	250	92	430	105	45	44	95	29	183
半天然高草湿草甸	8	81	191	4	376	56	54	59	124	27	49
中生草地	23	108	163	13	157	17	10	31	85	23	174

加入欧盟的东欧国家其草原保护和管理与欧盟的政策保持一致。在草原保护中，欧盟最重要的具有法律约束力的文件是《欧洲野生动植物和自然栖息地保护公约》，也称为《伯恩公约》，适用于加入欧盟的东欧国家。公约的主要目标是保护野生动植物及其栖息地，并提出发展翡翠保护区网络。目前，有 821 个翡翠保护区包含不同类型的草原。翡翠保护区也是"自然 2000"保护区的组成部分，目

前有 4100 个"自然 2000"保护区包含不同类型草原。此外，东欧国家还根据欧盟出台的欧洲共同农业政策（CAP），为保护农地和周边环境的农民提供补偿，鼓励他们采用环境友好型作业实践，维护栖息地和物种。例如，波兰实施的农业环境方案就是 CAP 的组成部分。同时，欧盟自然保育政策在很大程度上促使东欧国家采取措施，增强公众对草原保护利用的意识，同时加大科技投入，加强自然保育政策的制定与出台。其中，草原栖息地的恢复成为重要的科研领域，以草原栖息地恢复生态学为重点领域。

未加入欧盟的东欧国家则主要由国家法律进行约束规范。例如，白俄罗斯、摩尔多瓦和乌克兰出台的《环境保护法》、摩尔多瓦和乌克兰出台的《国家生态网络法》及乌克兰出台的《植物世界法》。白俄罗斯 2012 年起草规范性法律文件，其中规定要针对特别自然保护区（即红色名录中的保护物种栖息地）内限制经济及其他行为建立补偿体系，为土地和水体的使用者提供补偿，并且在《环境保护法》中针对保护区的合理保护和利用规定经济激励措施，加强环境保护。

东欧另一个草原保护相关的法律文件是绿色名录，其中列出了需要保护的植物群落。例如，乌克兰第一版绿色名录在 1987 年发布，而乌克兰内阁于 2002 年批准了《绿色名录条例》。当前的绿色名录包括 24 种草本和灌木群落和 6 种草甸群落。立陶宛的《红色数据名录》包含几种濒危草原植物群落。爱沙尼亚 1998 年发布了珍稀濒危草原植物群落名录。

2. 草原恢复实践

东欧大部分草原位于社会经济地区，而粗放式的耕种和放牧等经营是维系其生物多样性的一个重要方式。在平原地区，由于草原土地用途变化、经营集约化等原因，草原退化和破碎化较为严重。高山和山麓地区，因道路不通或生产力低下，草原通常被弃用，导致草原被灌木和森林所占领。因此，要保护草原生物多样性，应采取粗放式经营管理机制，一方面避免草原弃用，另一方面避免高强度的土地利用。在已退化的草原中，应改变草原利用强度。对于完全破坏的草原，应通过天然演替或技术辅助恢复方法以恢复草原。

东欧国家通常采用传统的农业实践，传统耕作和放牧等管理发挥了积极的作用。由于传统草原管理实践通常不具有经济可持续性和可行性，因此保护部门应探寻替代管理实践，如人工控制火烧、在休牧期火烧等。对于牧场，东欧相关部门建议采用低强度放牧。这些方式可能是具有成本效益且能减少凋落物、维持草原生物多样性的有效方法。同时，不仅要着眼于具体某一管理活动的成效，还要全面应用传统管理机制，以维护某一地区的草原多样性。为此，开展小规模、低强度农业作业实践活动对于维系东欧草原生物多样性和文化景观而言极为重要，并最终促进高自然价值草原的划定、保护和发展。同时，传统生态知识也越来越受到人们关注，并在农业作业中加以运用，在草原保护领域的应用具有极大潜力。

当草原被改变为耕地、森林和城市地区，其恢复将依赖于自然演替或技术辅助恢复等方法。自然演替是恢复拥有大量草原景观的最有希望的一种方法，在东欧北部的国家广泛应用。但在南方地区的国家，最常应用的却是技术辅助恢复方法，其中包括改变种植材料和利用不同的当地种子进行播种。这些方法多用于一些国家的大规模草原恢复项目，如匈牙利、捷克等。由于草原管理和恢复措施，一些国家的草原面积仍在增加。例如，由于 1990 年农业改革失败，摩尔多瓦在过去 25 年间出现可耕地抛荒或弃用，致使草原面积持续增加，集约经营农地面积持续减少。爱沙尼亚在 2006—2016 年恢复了 80km² 草原面积，并计划进一步恢复 30km² 草原。

（四）草原经营管理面临的问题

土地利用变化(包括改变土地用途、集约化管理、弃用等)是造成草原面积快速下降的直接因素，而工业和农业造成的富营养化、气候变化和入侵物种则是直接导致东欧草原生态系统发生变化的因素。人口、经济和社会政治等相关方面的变化则是引发草原面积及生态系统变化的间接原因。

过去一个世纪中，东欧国家草原被改为可耕地、林地和城市用地，天然半天然草原面积大幅减少，并且仍在快速减少。拉脱维亚在 2007—2013 年由于农业发展丧失了 1.8% 的草原面积，珍稀草原生境只剩 28%~44%，普通草原生境只留下 60%。白俄罗斯的草原面积近年来也减少了 3.86%，即 1219km²。波兰在 2009—2012 年牧场和草原减少了 1600km²，主要原因是土地属性改变特别是将牧场改为非农业用地，同时由于人口继续减少，加之老龄化严重，许多农场特别是小型农场纷纷放弃经营(Török et al.，2018)。

随着草原面积的减少，草原生物多样性也受到威胁。在东欧山区，由于草地弃用及停止粗放管理，灌木和树木蚕食草原，使得草原生物多样性丧失。气候变化被视为未来草原生物多样性减少的重要原因。据预测，东欧地区的气温在 21 世纪中叶总体将上升 1~3℃，降水模式也将有所变化，而极端天气事件和夏季火灾发生频度也会增加。由于这些气候变化，高抗旱性物种和地中海特有物种数量将增加，高抗旱性草原群落也将会增加。入侵物种也是东欧草原面临的一大威胁。高集约性的草原管理使得草原退化严重，并且增加了物种入侵的风险，最具威胁性的是木本植物的入侵，如刺槐、臭椿、沙枣等，这将改变草原的组成和结构。而叙利亚马利筋、一枝黄花、小蓬草、豚草等则是最具威胁性的草本植物。此外，由于空气氮沉降及作物种植造成的富含养分径流，造成草场的富营养化，在促进禾本科杂草快速生长的同时，却抑制了其他禾草的生长，使得东欧半天然草原的生物多样性和生物质生产面临重要威胁，同时降低了草原管理对生物多样性的积极影响（表2-2）。

表2-2　东欧草原类型及其面临的威胁

国家	永久草原面积	天然半天然草原面积	保护草原面积	草原主要类型	威胁
阿尔巴尼亚	4500km²	—	无数据，有25个翡翠保护区	—	过牧、过度采用、土壤侵蚀、弃用
白俄罗斯	29748km²	无数据，已制作地图的面积412km²	—	石漠草原(0.5%)；干旱和半干旱草原(4.4%)；湿地草原(24.3%)；湿草地(70.8%)	弃用
波黑	14100km²	—	无数据，有28个翡翠保护区	低地草原；山地草原	缺乏有效管理、弃用
保加利亚	13726km²	5513km²	6080km²纳入"自然2000"	多为粗放式管理的牧场	定居地附近过牧、不加控制的火烧、牲畜数量减少、弃用
克罗地亚	3433km²		3000km²纳入"自然2000"	地中海草原，用于牧羊	弃用、过牧
捷克	9800km²	2715km²	—	阿尔卑斯山草原(1.9%)、干旱和半干旱草原(2.8%)、湿地草原(14.2%)；湿草地(80.6%)、盐生草原(1%)、其他(1%)	农业集约经营、弃用、保护地缺乏有效管理、城市化
爱沙尼亚	2961km²	1300km²	750km²	石漠草原(<1%)、干旱和半干旱草原(8.2%)、湿地草原(23.6%)、湿草地(41.3%)、盐生草原(16.8%)	弃用、农业集约经营、城市化、水情变化
匈牙利	10000km²(7840km²经营性草原；2500～3000km²具有草原植被特征的抛荒农用地)	2300km²	68%为高自然价值草原，31%被纳入"自然2000"	盐碱地草原(43.3%)、石漠草原(3%)、湿地草原(11.4%)、湿草地(42%)	弃用、牲畜减少、外来物种入侵、水情变化

国家	永久草原面积	天然半天然草原面积	保护草原面积	草原主要类型	威胁
拉脱维亚	6403km²	500km²	230km²	石漠草原（0.05%）、干旱和半干旱草原（6.5%）、沙地草原（1.9%）、湿地草原（57.7%）、湿草地（34.0%）、盐生草原（0.4%）	弃用、农业集约化经营、水情变化、改为农用地
立陶宛	6059km²	744km²	177km²	干旱和半干旱草原（3.8%）、沙地草原（0.2%）、湿地草原（76.1%）、湿草地（19.9%）	农业集约化经营、改为可耕地、弃用、水情变化、造林
马其顿	5900km²	650km²	35个翡翠保护区	以天然半天然草原为主，分为低生物力或低质量的夏冬季牧场及用于夏季放牧的高山牧场	改为可耕地、杂草侵扰、缺乏通往畜栏和羊圈的道路、水供应不足、草场弃用、土壤退化
摩尔多瓦	3510km²	草甸：21km²牧场：3489km²	干草原占11.3%	干草原、半干旱草原、湿地草原	弃用、过牧、改为可耕地
黑山	4600km²	—	32个翡翠保护区	国内肉奶产品低于消费量、以粗放或半粗放牧场经营为主	弃用、过牧
波兰	39390km²	—	3783km²纳入"自然2000"	高山草原、石漠草原、半干旱草原、湿地草原、湿草原	弃用
罗马尼亚	45319km²	4991km²已制图	—	干草原（34.7%）、石漠草原（0.9%）、半干旱草原（4.7%）、湿地草原（44.2%）、湿草原（15.4%）	弃用、牧牛改为牧羊
斯洛伐克	8450km²（2003年）	3200km²（2002年）	1500~2000km²高自然价值草原	湿地草原（62%）、湿草原（15%）、高山草原（4%）及因缺少典型物种无法确定分类的草原（11%）	农业集约化经营、弃用、缺乏有效的保护区管理、城市化
斯洛文尼亚	4000km²	—	2000km²纳入"自然2000"	沼泽类牧场、喀斯特地区生产干草的草甸和牧场、粗放经营的山区牧场、高山草甸	农业集约化经营、旅游业、放牧不受控制

国家	永久草原面积	天然半天然草原面积	保护草原面积	草原主要类型	威胁
塞尔维亚(包括科索沃)	14245km²	—	61 个翡翠保护区	畜牧地区,包括高山天然半天然草原、低地及河谷区草场、具有不同气候和土壤类型的丘陵地带牧场	农业集约化经营、过牧、改为可耕地、弃用
乌克兰	78400km²	—		所有类型	弃用、过牧、改为可耕地、造林

来源:Török et al.,2017;Squires et al.,2018.

二、斯洛伐克

(一)草原类型与分布

斯洛伐克位于中欧东部,境内永久性草原面积为 88.35 万 hm²,占国土面积的 17%,占农业生产面积的 36%,大约 80% 分布在五个自治区的高地和山地地区,主要分布在西喀尔巴阡山脉和邻近的潘诺尼亚盆地北部地区,是中东欧地区最重要的生境之一,物种多样性高(Kizekov et al.,2018)。其中,作为农业生产资源的生产性草原 79.48 万 hm²(2003 年数据)(Dúbravková et al.,2012)。草地和牧场形成了独特的景观,不但对农业生产意义重大,而且为人们提供了休闲场所,为稀有动植物提供了适宜的栖息地。斯洛伐克农业和农村发展部负责草原特别是生产性草原的管理。

从栖息地分类的角度,斯洛伐克草原可分为干草原、嗜温性草原、山地草原、湿草原及其他草原。具体可分为 20 类,包括:

(1)盐渍草甸 主要分布在斯洛伐克最干旱最温暖的地区,植被以兼性盐生植物为主。

(2)岩石基质的潘诺尼亚草原 主要分布在温暖、年降水量低且夏季经常性干旱的低海拔地区,特别是岩石基质的陡坡和喀斯特地貌地区。

(3)干草原 主要分布在喀尔巴阡山脉的山脊带及潘诺尼亚盆地的低地地区,植被结构和物种组成方面类似于欧亚大陆中部的森林草原交错带。

(4)亚干草甸和草场 这是物种最丰富的草原之一,主要分布在低地和亚高山地区。

(5)冲积草甸 主要分布在潘诺尼亚地区的低地河流流域,但在干旱大陆性气候的影响下,夏季较为干旱。

(6)风积沙地 斯洛伐克自然条件最差的草原,也属于潘诺尼亚草原,草原植被主要由防沙植物组成。

(7)低地干草草甸　主要分布在海拔 200~1050m 之间的地区，包括低地和山地，植被以具有较高饲料价值的高草为主。

(8)高山干草草甸　分布在高海拔、常年积雪的亚高山及高山地区，多为半天然草原，以中高草和宽叶草为主。

(9)嗜温草场　此类草场通常具有丰富的养分，植被以喜光的低草为主，更新较快，主要分布在中低海拔地区，海拔最高不超过 700m。

(10)紫色沼草草地　这是最濒危的植被类型，物种丰度高，不少保护物种和濒危物种生长在此。最常见的草种是酸沼草。

(11)湿草原　以具有较强竞争力的大宽叶草为主，主要分布在溪流、小河、水库、沼泽等的周边地区。

(12)亚高山和高山草原　以低草为主，土壤贫瘠，主要分布在高山地区的高地和亚高地植被带。

(13)高莎草草原　草原物种多样性差，主要分布在低地和丘陵地区，亚高山地区也有分布。

(14)沼泽草甸　通常为永久性的或长期性的渍水栖息地。

(15)高山亚高山石灰质草原　这是一种独特的草原栖息地，具有较高的观赏、科学和生物多样性价值，分布面积较小。

(16)嗜中性和嗜酸性亚高地草原　这是指生长在酸性和嗜中性基质的高地草场。

(17)内陆盐渍草甸　主要分布在喀尔巴阡山脉地区，通常为小面积草原栖息地。

(18)高沼泽草原　这是一种特殊的沼泽地，养分主要来自雨水，在斯洛伐克不太常见。

(19)高山亚高山湿草原　通常分布在山地到高山地区的溪流、小河、水库、沼泽等的周边地区。

(20)高山高草冲积草原　植被通常是中高草或高草，主要分布在亚高山地区。

（二）草原管理政策与措施

尽管草原非常重要，但斯洛伐克迄今为止仍缺乏政策法规和资金支持，不能充分保证草原保护工作的开展。跟其他欧洲国家一样，斯洛伐克草原主要用于农业生产，由农业和农村发展部负责管理。当前，斯洛伐克作为欧盟成员国，一方面承诺要根据欧盟自然保护政策，加强自然资源丰富的草原的保护，另一方面也在欧盟的支持下，加强草原栖息地的保护(Dúbravková et al.，2012)。

1. 法律体系

在立法方面，斯洛伐克针对草原没有建立专门的法律框架，而是遵守欧盟及国内的农业立法框架和环境立法来确保永久性草场的保护(Kizekova et al.，2016，2018)。

根据欧盟"自然2000"相关政策，斯洛伐克为纳入"自然2000"保护区的永久性草场提供生物多样性保护补贴，以保护草场土壤和水保持能力等。接受补贴的草场管理方有义务在承诺期限内不在永久性草场上施用任何化学物质或肥料(只允许农家肥)，并且不在永久性草场上种植任何作物、修建建筑物、设置牲畜保护装置等。2014年，针对永久性草场，正式实施了第342/2014号政府令，要求提供农业环境气候补贴，保护天然和半天然草原的栖息地，提高景观生物多样性和生态稳定性，加强生物多样性保护，提高环境绩效。

在制定颁布的农业相关政策中，也提出了草场相关保护要求。根据欧盟农村发展农业基金支持农村发展的战略指导方针和第1305/2013号法案，斯洛伐克制定实施了《2014—2020年农村发展计划》(2013年)，以提高农业竞争力，确保自然资源的可持续管理和气候行动，实现农村经济和社区的地域平衡发展。这是管理永久性草地并保护其生物多样性的重要政策文件。

此外，斯洛伐克还出台了草原资源可持续利用的相关政策。2009年出台了第309/2009法案——《可持续能源来源和高效共生促进法》，旨在通过确保生物质电的电价，推进草原等可持续生物质用于能源生产。该法令促进了生物质发电厂的修建和发展。

2. 管理措施

斯洛伐克通过一系列环境相关立法和草原保护措施，有力地推动了永久性草场的保护。截至2004年，只有51.45万hm² 草场用于农业生产，仅占草原总面积的58%(Kizekova et al.，2018)，是草原实际面积与农业利用草场面积差最大的一年。

针对永久性草场的保护，斯洛伐克采取的具体措施包括：

(1)设置自然保护地 将许多草场列为国家或欧洲特殊保护区，保护选定的受保护濒危物种和栖息地。例如，将大部分干草原划入国家公园、保护区等自然保护地内。此外，为了加强保护草原栖息地生物多样性，在一些自然保护区内推行绵羊和山羊放牧这种传统的粗放管理模式，以维持草原生态功能。与此同时，促进各利益相关方参与保护进程，非政府环保组织在草原栖息地发挥了重要作用。

(2)提供相关补偿 目前，对斯洛伐克草原栖息地具有重大影响的资金机制是农业环境计划。该计划是农村发展计划的组成部分，对草甸和草原管理给予资金补偿，特别是具有高自然保护价值的草原及划入自然保护区内的草原。

（3）开展国际合作保护　在欧洲环境署（EEA）资金支持机制、挪威资金支持机制和斯洛伐克国家预算的共同支持下，实施了半天然草原恢复项目，其目标是为 20 种草原栖息地提供管理模式，维持和改善草原栖息地的生物多样性，促进可持续管理，增加动物和植物的多样性。项目由应用生态学研究所和斯洛伐克科学院植物研究所共同执行，通过设置试点区，采用砍伐草原上的灌木和树木、开展修复性刈割、利用覆盖物及放牧等方式，加强半天然草原恢复。

（4）开展跨境草原合作保护　斯洛伐克在喀尔巴阡山地区，依托国际合作创立跨境保护区及国家公园，与周边国家建立了保护地网络，其中包括与波兰和乌克兰合作建立的东喀尔巴阡山跨境生物圈保护区及与波兰合作建立的塔特拉国家公园。

对于广泛分布的低生产力干草原，斯洛伐克也在积极推动草原保护性管理。干草原中大多数天然生长的耐旱植物物种竞争力较弱，只能在低竞争强度、养分不足的地方生长。然而，生产性干草原主要位于村庄附近，1989 年归还给之前的私人所有者之后，限于管理经验有限及管理设施缺乏，无法开展积极的草场管理，大量草原被荒弃。同时，由于经济利润低和生活方式变化，传统管理（绵羊和山羊放牧）模式不复存在。即使国家提供了农业环境补偿，干草地也很少以有效和栖息地友好的方式进行管理，草原栖息地持续快速变化。鉴于管理对于维持干草原物种组成至关重要，斯洛伐克相关部门和人员，特别是环保主义者，鼓励采用传统的草原管理方法、知识和技术，包括适当的放牧时机、露天圈养方法、羊群和牧羊人迁徙以及轮牧等，这些宝贵的、古老的人类经验被视为斯洛伐克文化遗产的一部分加以保护。此外，斯洛伐克在欧盟项目的支持下，开发了草原数据库，储存了 2 万个草场的信息，覆盖面积 34.5 万 hm^2。该数据库的主要目标是帮助确定各类草场的管理模式，从而加强草原的管理、利用和保护。

（三）草原管理面临的挑战

斯洛伐克对草原长期采用粗放式管理，使得草原得以维护。但是，近年来由于集约化农业生产、管理不当、植树造林、城市扩张、基础设施建设、旅游发展等因素，加之偏远山区和自然条件较差的地区的农民纷纷抛荒草场，被荒弃的草原占草原面积的 40%，这意味着只有 60% 的草原得以利用。而草原面积的缩小，也导致大量草原栖息地出现明显退化，对地方和区域的生物多样性形成威胁（Diviaková et al.，2021）。

例如，斯洛伐克干草原特有物种丰富，但地形条件通常不佳，主要位于陡峭的岩石斜坡上，因此多年以来被用作低生产力牧场，用于放牧绵羊、山羊等体型较小的动物。直到 20 世纪 60 年代末，干草原都一直以这种传统方式管理。然而，1948—1989 年，农业集约化生产，大部分农民开始从事工业生产，农村私有牲畜数量迅速减少，放牧面积减少，而国有农业公司倾向于集约化生产（Pazúr et al.，2014），因此利润低的动物（绵羊和山羊）更多地被奶牛取代，导致低强度放牧方式最终被放弃。

此外，由于干草原在饲料生产力方面无法与湿草原和草甸竞争，因此许多干草原被用于植树造林、耕作、采矿或被荒弃，物种组成退化。2000—2010 年，永久性草原丧失了 31.2 万 hm²。在这种情况下，斯洛伐克草原栖息地的利用及保护受到了广泛关注。

三、北欧

（一）草原资源类型与分布

北欧地区包括北欧各国、法罗群岛、格陵兰岛和奥兰，沿北冰洋的西部地区为海洋性气候，而东部地区则是典型的大陆性气候，植物生长环境相异性大。丹麦、芬兰、冰岛、挪威和瑞典等 5 个北欧国家的草原类型不同，其重要性也不相同。例如，大片天然草原在冰岛畜牧生产方面发挥了重要作用，但在其他国家的作用就有所不及。

北欧地区的草原具有多样化的特点，可以根据其起源、植被类型和当前土地用途等多种方式进行分类（表 2-3）。草原是连接草场和牧场的天然或人工生态系统，草原植被包括禾草、豆类和非禾本科草本植物，有时可能有木本植物（Helgadóttir et al.，2014），可以依据起源将草地分为 3 种类型：①以原生草和其他草本草种为主的天然草原；②通过长期人工干预形成的半天然草原，具有较高

表 2-3　北欧五国不同草原类型及其面积　　　　　　　万 hm²

国家	可利用农用地（UAA）	人工草原	半天然草原	天然草原
丹麦	264.5	33.2	20.0	0
芬兰	228.5	65.0	4.0	0
冰岛	13.0	13.0	4.2	92.2
挪威	99.0	47.0	17.7	—
瑞典	303.0	110.0	44.0	0
总计	908.0	268.2	89.9	92.2

数据来源：Helgadóttir et al.，2014.

的物种丰富度和牧草生产力；③利用人工培植的牧草草种营造且进行了集约化管理(如施肥、杂草控制等)的耕作草原。

1. 天然草原

北欧的天然草原几乎全部分布在冰岛，生长着禾草、莎草、杂草和木本多年生植物等矮生植被，对冰岛畜牧业发展至关重要。约40%的天然草原分布在海拔200m及以上地区，当地社区有权在共有高地放牧区进行放牧。绵羊的一半草料和马的大部分草料均来自夏季的天然草原。

对于冰岛天然草原，其定义存在差异。根据《联合国气候变化框架公约》报告，冰岛的天然草原可定义为维管植物覆盖率超过20%且不归类为林地、耕地、湿地或定居点的所有土地，面积约5.3万km²，占全国总面积的51%。而在冰岛农田数据库根据卫星图像和现地调查将土地划分成的12个类别中，只有两类能称为天然草地，总面积9218km²，占国土总面积的8.9%。其中一类是草原，面积为2375km²，占全国国土面积的2.3%；另一类是欧石南覆盖地，面积6843km²，占6.6%(Helgadóttir et al.，2014)。

2. 半天然草原

半天然草原从起源而言，是经过数世纪放牧和青贮饲料采集之后逐渐形成的。自20世纪30年代起，随着放牧强度日益增加、森林面积增长、城市和农业扩张等的影响，北欧已丧失90%半天然草原(Bengtsson et al.，2019；Dengler et al.，2020)。仅存的半天然草原主要分布在瑞典、挪威和丹麦三国。

在挪威，半天然草原被定义为从未耕种过的可进行机械收割或放牧、可通过施肥和机械收割进行培育及选择草种加以改良的草覆盖地区，而放牧地则是至少50%的区域被草覆盖且能每年开展放牧的地区。挪威统计局定义了两类草原：一类是地表土壤层浅、不能耕作但能开展机械收割的草场，另一类是从未开展过机械收割、仅能进行放牧的未改良牧场。后者必须要有一半区域覆盖着草本植物，且没有栅栏或具有天然屏障。2012年，挪威半天然草原面积共17.7万hm²，其中第一类草场面积不足2.1万hm²，第二类牧场超过15.6万hm²。

瑞典在历史上拥有大面积半天然草原，18世纪末达到160万hm²，主要用于生产冬季草料，放牧主要在林地中进行。目前，只剩下4.4万hm²半天然草原，几乎全部用于放牧。在丹麦，半天然草原面积约20万hm²，均为未耕作或轻度耕作的草原。这些草原是古老的山地草原，分布在河流附近富有有机物的地区，或在布满沙土的地区或海岸线附近地区，因而在产量、物种组成和用途方面存在极大差异性。

3. 耕作草场

冰岛耕作草场面积约13万hm²，其中45%是已排干的湿地。耕作草场的

90% 用作永久性草场，剩下的用于大麦等农作物生产。在挪威，耕作草场占全国陆地总面积的 3%。2012 年，挪威共有 99 万 hm² 农用地，其中耕作草场为 47 万 hm²，占全部草原面积的 73%。在 2008 年，60% 的耕作草场是自有的，而 40% 的是租借的。在瑞典，耕作草场面积约 110 万 hm²，占可耕地面积的 45%。芬兰的耕作草场面积 65 万 hm²，占可利用农业用地的 28%。丹麦拥有 33 万 hm² 耕作草场，占可利用农业用地的 13%（Helgadóttir et al.，2014）。

（二）草原资源管理

北欧五国重视草原资源的保护利用（Squires et al.，2018）。例如，瑞典早在 18 世纪末、19 世纪初就已制定森林、草原等自然资源保护的相关法律，形成了一套适合本国国情的草原管理制度，并且在 1972 年斯德哥尔摩环保会议之后开始重视对环境保护的投入，从国家政策和财政上支持各项自然资源的保护和治理工作。

首先，从政策上对草原保护利用予以支持和推动。瑞典规定，半天然草原在保护景观多样性方面发挥了极为重要的作用，农民如果依据生物多样性保护相关规定开展草场管理（即不使用化肥、采用规定的放牧方法等），可以申请政府补贴。丹麦在相关法规中规定，半天然草原管理的目标是永久性保存这些草原，增强景观，维护生物多样性，特别要加强鸟类和天然草甸的保护，要求对这类草原实施严格的管理。为了促进草原保护利用，北欧五国还通过宣传、教育和指导把水土保持等法律法规的强制性规范变为各生产建设业主的自觉行为。例如，瑞典要求在农作物种植区域与小河道之间必须保持 10m 的距离并在此间距带和小河道中种草，以防止农田面源污染。

其次，加强对天然半天然草原保护的补贴支持，根据不同发展时期利用各种财政补贴手段激发社会各界和私有农、林场主保护自然资源的积极性。挪威规定，一年放牧或刈割一次的半天然牧场有资格申请补贴支持。瑞典政府制定优惠政策鼓励各行业开展有利于保护自然资源的行为。对于自愿开展荒溪治理和农田保护的公司和个人由政府和欧盟各出资 50% 予以支持。在农牧业生产中，规定开展生态农业粮食生产的，政府给予成本 50% 的补贴。

再次，强调草种业在草原保护利用中的作用。丹麦作为欧洲重要牧草种子生产国，制定了《种子法》及一系列的保证种子质量的法规和条例。国家设专门机构执行或监督执行欧盟《新品种保护》《种子审定》《种子检验》等相关法规。在牧草种子的生产和经营中除执行本国制定的法规外，还参照执行欧洲经济共同体以及国际组织制定的一系列有关牧草种子的法规，如欧盟的《参与国际贸易的牧草种子审定规程》、国际植物新品种保护联合会（UPOV）的品种保护条例、联合国经济协作与发展组织（OECD）的进入国际贸易的牧草及油料作物品种种子审定规程和国际种子检验协会（ISTA）的种子检验规程等，确保高基因纯度、高净度、高活力的牧草种子进入种子市场，促进草原可持续发展。

最后，利用耕作草场促进畜牧业生产，进行放牧、草料生产等活动。为了促进耕作草场的可持续生产，北欧五国通过一系列措施保证加强草种管理，主要包括：①培育能适应当地环境的草种。由于北欧草类植物生长期短，且冬季面临霜冻、积雪、低温、低光照强度等压力，丹麦、挪威、瑞典和芬兰早在100多年前就在开展草种育种工作，以培育出能适应当地环境且生产力高的草种。早期主要采用当地草种自然选择方法，扩大具有较高生产力种群的面积，并增强对各种病虫害的抵抗力。当前，利用多向杂交和后代测试方法提高本地或外来草种的性能后再进行混合选择是最常用的方法。②选择合适的草种。地理位置不同，适应草种的选择也会有所不同。梯牧草是北纬60°以北地区的主要草种，是唯一能在挪威、瑞典和芬兰三国任何地方生长的草种，也是冰岛最重要的饲草草类。相比其他草种，梯牧草有明显的质量优势，是种子混合选择中的一个主要草种。草甸羊茅是一种适应性很强的草种，经常在基于梯牧草的混合选择中采用。黑麦草具有很高的营养价值，多生长在北纬60°以南的沿海区域，多与其他草种混合种植，是丹麦采用的主要草种，同时在瑞典南部也被成功种植。羊茅属杂交种虽然营养价值较低，但具有较好的耐寒性，能在冬季生存，因而在过去10年被引进到瑞典、丹麦和挪威。苜蓿是北欧国家最重要的豆科草种。瑞典主要采用白色苜蓿，特别是较为干旱的东部地区，而芬兰主要采用红色苜蓿。

（三）草原经营管理面临的挑战

北欧草原管理面临多种挑战，包括气候变化、土地用途变化等，对草原保护利用带来了极大压力。

1. 草原土地利用因农业生产模式发生变化

北欧草原农业和畜牧业近50年来发生了巨大变化。草原土地利用、化肥用量剧增、集中牲畜饲养、优质草种培育利用、新型畜牧业设备和技术等极大地增加了草原生产力和草原产业产值，农业和畜牧业越来越集约化（Aune et al.，2018）。在此影响下，草原特别是半天然草原一方面被遗弃，处于无人经营管理的状况；另一方面被用于更集约化经营管理，以获得更高的经济效益。总体而言，草原土地利用变化呈现以下趋势：①天然草原因农业生产模式变化而被遗弃或改为其他土地用途相对较少，而半天然草原面积已丧失2/3。②地势平坦且土壤肥沃的天然半天然草原易被改变用途，开展集约化农牧业生产，而草原遗弃最容易发生在地势不佳的偏远草原，特别是高山草原及高纬度草原（Dengler et al.，

2020）。③半天然草原多被改为季节性草原，同时用于畜牧业和农业生产，北欧季节性草原占比都高于60%，瑞典更高达90%。然而，该地区退耕还草因为耕地土壤高养分，成功率较低。此外，草原转化成耕地和林地、城市化、旅游设施和基础设施等，也是威胁着天然半天然草原的主要驱动因素。

2. 草原利用变化导致生物多样性下降

由于草原荒弃及集约化经营，草原生物多样性面临下降风险。虽然半天然草原具有丰富的物种，是各类动植物的主要栖息地，但由于草原农业集约化生产，草原栖息地破碎化严重，且连通性差。特别是挪威，其半天然干草草甸被列为易危栖息地（Aune et al.，2018）。同时，北欧草原荒弃日趋严重，导致一些需要人为干扰的栖息地质量下降，部分乡土物种失去了质量良好的栖息地，外来入侵物种逐渐占据优势，进一步减少了物种丰富度，导致物种多样性减少，特别是植物物种（Elliott et al.，2023）。这在半改良草地和干扰程度高的草地尤为明显。在北欧各国，随着栖息地的破坏，许多草原物种也逐渐成为红色名录物种，特别在疏林草原和草甸，由于林木年龄结构不平衡，一些依赖林木环境生长的物种逐渐成为受威胁物种。此外，草原富营养化等环境污染、入侵物种和基础设施建设等人类干扰也是生物多样性下降的影响因素。

3. 草原产业可持续发展因气候变化放缓

随着全球变暖，北欧各国尤其是北部地区气候持续变暖，寒冷季节持续时间缩短，为草原植被带来了更长的生长季。虽然这能提高草料的生产，但是会使各类草本植物面临新的压力，抵消生产量的提升。例如，秋季土壤硬化不充分，草本植物无法适应冬季生长条件；秋季气温较高需要采取新的草本植物育种战略。导致业已形成的草种混合组合发生变化；气候变化条件下，需要培育出具有较广适应范围的乡土草种，避免高成本外来草种选育，增加产业成本（Helgadóttir et al.，2014）。在夏季高温的情况下，如果不改变草原农业的管理模式，草本植物的细胞壁会发生木质化，有机物消化率降低，导致饲草质量下降。气候变暖对草原产业可持续发展带来新的问题，草原火灾、洪涝、病虫害等将是北欧草原保护的最大威胁和挑战。例如，燕麦冠锈病是多年生黑麦草未来将面临的一个问题。因此，为了应对气候变化，需要实施更精确的管理策略，通过育种等措施，提高牧草质量和气候变化适应能力。

四、英国

（一）草原资源概况

英国未经人为干预的原始草原生境十分稀少，面积不足 10 万 hm²。几乎所有草原都为农用草地，包括临时性草地、永久性草地及粗放型高地牧区三种主要类型。其中，低地草原生态是英国较有代表性的自然生态类型，泛指农场圈地范围内或在高山荒地以下的所有草原，主要分布于英国西部地区，面积约占其土地面积的37%。2010年，英国草原面积(除北爱尔兰以外)共999万 hm^2，其中临时草地面积102万 hm^2，永久草地面积453.3万 hm^2，粗放型牧场面积443万 hm^2 (DEFRA，2015)。

1. 草原分类

英国草原可依多种基本分类方法进行划分：①根据海拔及气候环境划分，分为草原海拔300m以上的高地草原以及300m以下的低地草原两大类。相比低地气候温暖干燥，高地地区气候凉爽潮湿，草原生态更加丰富。②根据土壤环境划分，草原资源基本分为钙质草原(或石灰质草原)、酸性草原以及中性草原3种主要类型。钙质草原生长于浅层富含石灰的土壤中，酸性草原多覆盖沙地、砾石以及硅质岩石地区，而中性草原则多发于黏性土壤及沃土中。③根据草原主要生态特点划分，主要有6个草地类型。分布最广泛的是紫色沼泽草地与葡萄牧场和低地酸性干草草原，主要位于威尔士和英格兰的低地。低地钙质草原和低地草甸数量不多，主要位于英国低地(Bap，2008)。而位于英格兰高地边缘的山地干草草甸，以及主要分布于英格兰和威尔士的富矿草原，都属于稀缺的草原类型。各类草原分布及代表性植被见表2-4(Office for National Statistics，2018)。

表2-4　英国草地类型及特征

草地类型	基本特征
低地草甸	广泛分布于英国海拔300m以下低地。土壤为中性。用于干草种植，常为永久性牧场。植被类型主要为本土草种及阔叶草种，有冠毛狗尾草(*Cynosurus cristatus*)和红羊茅(*Festuca rubra*)，以及黑矢车菊(*Centaurea nigra*)、百脉根(*Lotus corniculatus*)和牛眼菊(*Leganthemum vulgare*)等。稀有植物如花格贝母(*Fritillaria meleagris*)、淡黄三叶草(*Trifolium ochroleucon*)、田野假龙胆(*Gentianella campestris*)和红门兰(*Orchis morio*)等
山地干草草甸	位于英格兰北部和苏格兰中部，属稀有草地。土壤为中性。夏季收割干草，春秋季放牧并有休牧期。植被类型主要为本土草种及阔叶草种，有银叶老鹳草(*Geranium sylvaticum*)、地榆(*Sanguisorba officinalis*)，稀有植物如羽衣草(*Alchemilla* spp.)、菊科还阳参(*Crepis mollis*)、小白兰花(*Leucorchis albida*)等
低地钙质草原	主要分布于英国南部与东部地区。土壤为钙质(石灰质)土壤。主要用于放牧，偶用于收割干草。主要植被类型中多稀有物种，如猴脸兰花(*Orchis simia*)、开纳半日花(*Helianthemum canum*)、欧洲白头翁(*Pulsatilla vulgaris*)等
低地酸性干草草原	广泛分布于英国。生长于酸性土壤、火山岩或砂质土地。通常为荒地景观，或作为牧场。植被类型主要为捕蝇草(*Lychnis viscaria*)、婆婆纳(*Veronica verna*)等珍稀植物

草地类型	基本特征
紫色沼泽草地与蔺草牧场	广泛分布于英国各地，主要集中在西部高降水量区域。土壤多为湿地环境。主要作为青贮牧场，或小规模放牧。主要草本植物包括酸沼草(*Molinia caerulea*)、灯芯草(*Juncus acutiflorus*)，稀有植物如草甸蓟(*Cirsium dissectum*)、轮生黄花(*Carum verticillatum*)等
富矿草原	主要分布于英国北部和西部，由人类采矿活动形成。土壤富含锌、铬、铜等重金属。主要植物有春米努草(*Minuartia verna*)、遏蓝菜(*Thlaspi caerulescens*)，以及适应性变异植物羊茅(*Festuca ovina*)、海滨蝇子草(*Silene uniflora*)、海石竹(*Armeria maritima*)等

数据来源：Office for National Statistics，2018.

从草原保护程度分类来看，与纯人工牧场相对应的半天然草原是英国进行重点保护的草原类型。半天然草原是指由低强度的传统土地管理产生的草原，未使用人工肥料或进行重新播种。2015 年英国半天然草原总面积约 233.1 万 hm^2，其中酸性草原面积达 213.4 万 hm^2，中性草原 11.5 万 hm^2，钙质草原面积最小，仅 8.3 万 hm^2(表 2-5)。

表 2-5　英国半天然草原类型及地区分布

草原类型		英格兰	苏格兰	威尔士	北爱尔兰	总计
中性草原	面积(万 hm^2)	6.1	0.2	1	4.2	11.5
	占比(%)	53	2	8	36	
钙质草原	面积(万 hm^2)	8.1	0	0.1	0.03	8.3
	占比(%)	98	0	2	0	
酸性草原	面积(万 hm^2)	46.9	121	41.5	3.9	213.4
	占比(%)	22	57	19	2	
合计	面积(万 hm^2)	61.1	121.3	42.6	8.1	233.1
	占比(%)	26	52	18	3	

数据来源：Office for National Statistics，2018.

2. 草原权属

英国中世纪直至 19 世纪大多数地区采用敞田制，将耕地与草地划分为条田，但草地、森林和牧场并非公有，而是耕地所有权的附属物。进入 20 世纪，因农业技术进步与乡村经济的发展所需，英国自上而下推行"圈地运动"，废除了敞田制，集中大量分散耕地变成牧场，公田转变为整块私田，实质上将土地所有制转变为私有制(郭爱民，2011)。

目前，英国大部分草原资源为私有，以私营农场、牧场为主要形式。土地产权主要为永久土地使用权(freehold)和租赁土地使用权(leasehold)两种形式，永久土地使用权分属于国家、单位及个人，拥有人永久享有土地使用权，但也受国家环境保护相关法律法规要求限制，非土地使用权人需向当地有关部门办理放牧许可（grazing license），方能在土地所有者允许的范围内放牧，2012 年放牧许可面积达到 49.7 万 hm^2（DEFRA，2017）。租赁土地使用权则为向永久土地使用权人支付租金取得使用土地的权利，其权利受到永久土地使用权人的限制。

3. 草原资源变化情况

英国草原的面积和质量均自 19 世纪开始发生减退。据统计，1932—1984 年，英格兰以及威尔士地区约有 97% 半天然草原消失，而低地半天然草原及原始草原面积减少了约 60 万 hm^2，占草原总面积的 11%（Fuller，1987）。同时，随着 20 世纪 40~50 年代工业的繁荣，为了增加草原面积，大量化学肥料、除草剂以及新型草种投入牧场，草原植物群落的种类更趋于单一，高地优质草原由于过度放牧逐渐转变为沼泽地或酸性草原（DEFRA，2009）。这一变化的主要原因是第二次世界大战后农业得到迅速发展，政府为实现粮食的自给自足，鼓励农民开垦草原。在此影响下，草原消失的速度进一步加快。2005 年草地面积约 1249.4 万 hm^2，至 2010 年草地面积只有 999 万 hm^2，5 年间减少 20%（Office for National Statistics，2018）。

（二）草原管理政策法规

1. 草原法规

英国草原相关政策法规包括国际公约、欧盟指令以及国家法律三个层面，其中最主要的包括《联合国生物多样性公约》《欧洲野生动物和自然栖息地保护公约》《欧盟栖息地指令》《欧盟鸟类指令》《欧盟水框架指令》以及英国《野生动物和乡村法案》。

欧盟于 1992 年颁布了《欧盟生境指令》（*EU Habitats Directive*），要求成员国在采取措施维持、保护或恢复欧洲重要栖息地及其物种状态时，须考虑经济、社会和文化要求以及区域和地方特点。该法令在英国国内层面转化为《自然栖息地保育法规》（1994 年）、《北爱尔兰自然栖息地保育法规》（1995 年）、《生境与物种保育法规》（2010 年）以及《近海岸水域保护法规》（2007 年），将低地干草草甸，山地干草草甸，半天然干燥草原与灌木丛（石灰质草地），内陆沙丘棒芒草与糠草草地，石灰质、泥潭或黏土土壤上的麦氏草，干草草甸以及富矿草原共 7 种英国低地草原列入该指令保护范围之内，并划定特殊保育区（special areas of conservation，SACs）与特殊保护区（special protection areas，SPAs）到"自然 2000"生态网络，对草原相关物种实施严格保护。

为防止草原资源遭到进一步侵蚀与破坏，英国出台了一系列法案，逐步加强对草原资源的保护。通过实施《国家公园和乡村法案》（1949 年），英国正式建立特别科学价值区域(SSSIs),旨在保护所有适用自然资源,成为法定的草原资源保护机制。20世纪80年代以后,英国政府开始逐步加强农地环境的保护工作,出台了一系列农村环保相关法案(表2-6),逐步对草原保护机制进行完善与强化。

表2-6　草原资源特别科学价值区域(SSSIs)相关法案及作用

法案	作用
《国家公园和乡村法案》(1949年)	创立了"自然保护区"的概念,以保护英国所有适用自然资源(植物群落以及特征地貌等)为目的,为草原的保护划定了保护形式。创立了大自然保护协会(Nature Conservancy)并令其监督地方机构,建立特别科学价值区域(SSSIs)
《国家乡村场地和道路法》(1949年)	主要针对农村自然景观的保护,并规定城市的扩大不能占用特别科学价值区域(SSSIs)
《野生动物和乡村法案》(1981年)	围绕农业和林业部门土地管理实践的变化,提出包括草原在内的特殊保护区域概念,通过向所有业主和占用者通告特殊区域,提供有效保护。依据此法案确定的行政制度有助于各法定机构、公用事业单位和其他有关方面,就特殊保护区域进行信息发布
《自然栖息地保护条例》(1994年)	首次将"栖息地管理"的要求转化为国家法律。在现有自然保护立法的基础上引入评估机制。该条例甚至影响欧洲在栖息地与物种保护方面的计划和有关标准
《农村和权利法》(2000年)	该法案通过扩大、增加、多渠道警告以及撤销警告的方式完善警告机制,并引入新力量打击忽视问题的行为;加大对故意破坏资源的处罚,以及强化法院判决权力,使被破坏的资源得到恢复;提高对第三方造成破坏采取措施的权力,同时规定公共机构应在进一步保护和加强SSSI方面承担更多责任
《国家环境与乡村社区法》(2006年)	规定了蓄意或因忽视破坏受保护区域的人员或机构、被"自然英国"通报破坏性活动的公共机构和法定承办人、未获得许可或未听从"自然英国"建议者,均会受到处罚
《海洋和近岸保护法案》(2009年)	扩大近岸保护范围(至退潮后海滩最低点),使湿地草原等更多近海草地资源获得保护

数据来源:DEFRA,2009.

2. 草原政策

英国草原相关政策根据国际承诺和国内关注重点,基于保护农民和英国农村的"长远利益"和"可持续发展"的原则,出台环境和农地等与草原保护相关的政策,加强草原资源保护利用。

根据《联合国生物多样性公约》,制定了《国家生物多样性行动计划》(*Biodiversity Action Plan*,简称BAP),包括物种行动计划(Species Action Plan)及生境行动计划(Habitat Action Plan)两个部分,并据此制定了《生物多样性保护——英国路径》(ADAS,2009),对其国内受到极大威胁的半天然生境进行全面保护。BAP以确立《优先生态保护地类型名录》的方式开展保护工作,并且每3~5年对区域保护成果进行总结。《优先生态保护地类型名录》共包括 6 类主要低地草原：低地草甸、山地干草甸、低地钙质草原、低地酸性干草草原、紫色沼泽草地与蔺草牧场以及富矿草原。《优先生态保护地类型名录》同时也是《国家环境与乡村社区法》(2006 年)、《苏格兰自然保护法》(2004 年)、《北爱尔兰野生生物与自然环境法》(2011 年)的重要参考。

2012 年制定了《英国 2010 年后生物多样性框架》(*UK Post—2010 Biodiversity Framework*)，代替 BAP 指导地方生态保护工作。框架提出了以下行动：①通过实施有针对性的行动，制止并扭转生物多样性减少态势，扩大草原面积；②提高对生物多样性保护的认识、理解、欣赏与参与；③通过更好的规划、设计和实践，恢复和加强生物多样性；④确保在更广泛的决策中考虑到生物多样性；⑤确保决策者和从业者知悉有关生物多样性的知识。

为了促进草原资源保护利用，保护改善农地环境，促进农村地区的可持续发展，英国通过落实欧盟"单一支付计划"的农业补贴新政策，强调给予农民更多生产经营自主权，利用资金补贴等方式引导和鼓励农民进行环保型农业生产，减少因过度放牧造成的草原破坏。自 1987 年起，英国政府制定了一系列以土地为基础的农业环境政策与补贴项目，通过各种补贴方式促使农民在农地上采取环境友好型的经营方式。例如，英国乡村发展计划(England Rural Development Programmes)通过环境敏感区规划、守护田庄规划、有机农业生产规划、农地造林奖励规划、能源作物规划、坡地农场补贴规划和林地补助金规划等措施，鼓励自愿开展退耕还林或还草。例如，有些地区如果把耕地转作种植牧草，则每公顷政府给予 590 英镑补助(宋国明，2010；Dampney，2001)。

(三)草原管理机制

1. 管理机构

英国草原与牧草地保护利用的主管部门是环境、食品和乡村事业部(Department for Environment，Food and Rural Affairs，简称 DEFRA)。该部成立于 2001 年，其主要职能是统一管理环境、农村事务和食品生产，重点负责农村、环境等政策制定，参与欧盟和全球相关政策的制定。

在地方层面，则由自然保护联合委员会(Joint Nature Conservation Committee，简称 JNCC)协调苏格兰、英格兰、威尔士以及北爱尔兰地区的自然保护管理部门共同开展草原管理。联合自然保护委员会成立于 1991 年，其主要职责：①管理国家自然保护区；②向国家和地方政府提供有关自然保护的建议；③划定并公布具有特殊科学价值站点及区域(SSSIs & SSSAs)；④进行科学研究。同时，各地乡村委员会接受环境、食品和乡村事业部的领导与资金支持(表 2-7)。

表 2-7 英国各地草原资源相关的自然保护管理部门

部门名称	主管内容
英格兰自然署 （English Nature）	英格兰境内自然遗产保护
英格兰遗产署 （National Heritage）	英格兰境内文化遗产中的景观、游憩服务与体育活动
英格兰乡村委员会 （The Countryside Commission）	英格兰境内乡村地区文化遗产景观保护、自然遗产保护与游憩，包括规划建立国家公园
苏格兰自然遗产署 （Scottish Natural Heritage）	苏格兰境内景观、自然保护与游憩服务
威尔士乡村委员会 （The Countryside Council for Wales）	威尔士境内景观、自然保护与游憩服务
北爱尔兰环境部自然服务局 （Natural Service of the Department of Environment）	北爱尔兰境内景观、自然保护与游憩服务

数据来源：JNCC 网站.

2. 管理制度

为稳步推进 BAP 行动计划，英国建立了生物多样性合作伙伴机制，采用特殊科学价值站点（Sites of Special Scientific Interest，简称 SSSIs）/特殊科学价值区域（Areas of Special Scientific Interes，ASSI）保护机制开展草原保护。

SSSI/ASSI 是英国法定生态保护机制，是最重要的自然保护管理机制。旨在保护具有较高代表性的生态网络，涵盖所有野生动植物群（Office for National Statistics，2018）。其中，英格兰、苏格兰和威尔士采用 SSSI 机制，北爱尔兰采用的是 ASSI 机制。在该机制下，各地自然保护机构利用大数据划定保护性草原，建立 SSSIs 区域，列入 SSSIs 的草原需要严格执行分类标准。针对 SSSI 草原所有者，指派土地管理咨询专家，帮助经营者制订经营计划，针对放牧方式、灌木演替控制、融资渠道、保护义务等方面进行指导。目前，在 SSSI/ASSI 机制保护下，91% 的法定保护草原面积已得到了有效保护，特别是英格兰和威尔士的石灰质草原及低地草甸（Bainbridge，2013；Ridding，2018）。

为配合 SSSI/ASSI 机制的实施，英国政府在乡村管理计划框架下，通过乡村支付机构，针对绿篱管理、干草生产、永久性草原管理、物种丰富草原管理等提供不同额度的补贴补助项目。例如，物种丰富草原管理的补贴标准是每公顷 646 英镑，主要保护管理低地草甸、低地酸性干草草原、低地石灰质草原、高地草甸、草场中的重要栖息地。要获得补贴，需要草原所有者或管理者主动申请，并满足相关的申请条件和经营标准，保证不得开展人工种草、使用禁用农药和无机化肥、超量使用农家肥、在鸟类繁殖期间使用机械等活动。此外，针对草原保护管理，制定指南、手册等技术指导文件，指导开展草原保护和生产经营。如英国兰、威尔士及苏格兰共同制定了《低地草原管理手册》(*Lowland Grassland Management Handbook*)、《低地草原无脊椎动物栖息地管理指南》等，为中性、石灰质及酸性草原的管理及草原生物多样性保护提供全面指导。

（四）草原管理的特点与问题

1. 草原管理的特点

草原资源在英国被视为重要的农业资源，用于放牧与青贮的草原面积占农业用地的 3/4，草原资源保护利用有其特点。

一是英国重视草原产业的服务工作，形成了相关完善的农业发展及咨询服务行业，大量人员服务于生产一线，为农牧民提供农业服务、科学服务、兽医服务和土地与水利服务，使得英国利用较小的草原面积，发展了较为发达的畜牧业（Qi，2018）。

二是基于生物多样性管理机制，推进草原保护工作。英国政府作为最早制定生物多样性管理机制的国家之一，在生物多样性管理方面积累了丰富经验，生态保护合作伙伴制协商机制、农村发展框架下的补贴项目等举措均在一定程度上取得了良好的管理成效。同时在防治草原火灾、病虫害等生态问题上，不断进行创新，促进社区参与相关防治和保育工作。

三是重视草地科学研究。草地科学是英国农业科学最重要的组成部分，其重点是紧密围绕着草地生产和草地利用，把"土""草""畜"作为一个完整的系统来进行研究，重视生产应用的基础理论问题研究。当前，主要研究领域是草地营养研究、牧草及饲料作物的育种研究、牧草及饲料作物的生理生态学研究、生物学研究等。

2. 草原管理面临的挑战

近几个世纪以来，随着农地的不断减少，野生生物栖息环境受到严重影响，在平衡农耕和草原资源保护方面，英国草原保护面临以下挑战：

（1）草地资源管理不善　当前英国农业经济和政策，渐渐加剧了草原资源的监管难度。一方面，部分农民不愿意将牧草(特别是大量种群)保留在营养价值低的牧场上，继而砍伐树木，无度放牧，导致洪涝频发与水土流失；另一方面，疏于管理使得灌木和树木较快演替，覆盖牧草并逐渐发展成灌木丛和林地，其中，蕨类植物及外来物种的侵占仍十分常见。

（2）草原质量亟待提升　农业作业方式变迁较快。农耕排水、种植、施肥，以及不当的砍伐与放牧，导致草原物种数量丰度及生物多样性的整体丧失。过早进行青贮，代替干草刈割，减少了开花植物的播种并破坏了特有鸟类的巢穴。此外，除草剂的应用也是物种丧失的直接原因。

(3)草地碎片化加剧　在英国，尽管圈地运动已将大部分农用地进行了集约化管理，但土地碎片化是栖息地保护中的一大难题，并可能对许多物种种群的可持续发展构成威胁。半天然低地草原面积过小，大大降低了物种对气候变化的适应能力，进而对管理提出了更高的要求。

第三章
北美洲

一、 美国

（一）草原资源概况

美国草原、草场和牧场总面积 2.7 亿 hm^2，占国土面积的 28.8%（Lorenz et al.，2022）。其中，50%左右分布在山地和平原南部地区，山地草场和牧场主要分布落基山脉两侧，从美国北部地区到加拿大南部。该地区属内陆性气候，海拔 2000m 左右，主要为天然禾草草地，而大平原南部地区以荒漠平原草地为主。41%分布大平原北部地区，多为天然草地，主要分布在美国西北部地区，特别是华盛顿和俄勒冈两州。28%分布在沿太平洋地区，包括加利福尼亚沿海地区的人工草地以及沿墨西哥湾的亚热带草地（Bigelow et al.，2017）。

其中，40%的草原、草场和牧场为国家所有，60%为私人所有。美国中部大平原地区的天然草原绝大部分是国有草地，通过租赁方式由私人承包使用，放牧强度轻，仅仅是在舍饲畜牧业基础上的一种补充形式。家庭牧场主要通过人工草地和一年生饲草基地进行畜牧业生产。按照草原的功能主要分为保护性草原（如草原公园、草原保护区等）和利用性草原（包括牧场、草场等）。美国一半以上草地为休闲用地，其主要功能：维持生物多样性功能、保护水资源功能、保护野生动物功能、旅游资源功能和生态调节功能（缪建明等，2006）。

美国的草原经济发达，主要包括三大行业（王坚，2013）：一是牧草业。草产业中，仅草产品产值就相当于美国种植业产值的 1/8 强（不含草种、草坪草）。牧草是三大种植作物之一，苜蓿成为仅次于玉米和大豆的第三大种植作物。牧草种植面积为 0.47 亿 hm^2，占草地面积的 19.5%，相当于农作物种植面积的 1/3，具有很高的生产性能和经济价值。二是畜牧业。发达的牧草产业为美国畜牧业提供了充足的优质饲草料。草食畜牧业在美国畜牧业中占有较大比重，其中肉牛业和奶牛业产值比重达到 62%。三是草种产业。美国现有各类牧草种子田近 57 万 hm^2，其中黑麦草、高羊草和紫花苜蓿种子分别居前三位。建立了科研、推广、生产"三位一体"的现代草种产业体系，草种产业已经形成区域化布局，专业化、标准化、规范化生产。近30年来，美国草场和非天然草原因为农业发展扩张，被大规模转化为耕地，面积持续下降，直到2013年才扭转下降趋势（Lark，2020）。

（二）草原管理法规和政策机制

从19世纪初到20世纪，美国草原管理经历了从破坏性利用草原的无序状态到政府立法实现草原可持续管理的过程，在此过程中形成了特有的管理模式，并增强了人们的保护意识。

1. 草原法律法规

20世纪30年代，由于过度毁草开荒，地表植被破坏，土壤风蚀加剧，美国大平原出现了严重的土地退化问题，发生了一连串大规模沙尘暴，即著名的"黑风暴"，酿成了巨大的生态灾难。为了恢复生态，保护草地，美国国会相继通过了一系列法令，内容涉及建立土壤保持区、农田保护、土地利用、小流域规划和管理、控制采伐和自由放牧等各个方面（徐百志等，2020；戎郁萍等，2007；李博等，2009）。总体而言，这些法令规范了公共草地生产管理和草原生态保护两个方面。

在公共草地生产管理方面，1934年出台的《泰勒放牧法》是第一部针对土地放牧管理而出台的法案。首先，该法案确定了合法放牧权授予的顺序，要求将草地授予传统使用者进行经营管理。其次，建立了持照放牧系统，要求任何人如要在公共草地上放牧，都需要办理执照，并缴纳相关费用。最后，建立了公共牧场的管理机制。根据法律规定，成立相应的放牧服务部门，后来发展成为美国土地管理局（Bureau of Land Management，BLM），协助林务局进行公共土地管理，同时允许下级部门在公共土地上建立放牧区并制定实施有关草地调控法规。《泰勒放牧法》作为涉及公有草原诸多改革的里程碑，结束了自19世纪早期开始的公共草原掠夺式利用和无限制利用的状态。1978年出台的《公共草地改良法》（PRIA）则通过要求制定草地价值评估框架，建立了草地调查和评价体系，根据土地利用计划最大程度实现草地管理的目标。该法指出评价、管理、保持和改善当前公共草地状况和发展趋势是国家重要政策和义务，强调了公共放牧地收费的公正性。1994年出台的《草地放牧革新法案》对《泰勒放牧法》（1934年）中放牧活动收费的相关规定作出了修订，将征收的费用转拨给当地政府，同时对费用的使用作出限制，修订部分包括放牧权许可证的条款及非放牧利用，同时禁止放牧权的转租。同时指导农业部和内政部根据公平市场原则，针对16个西部州允许放牧的林地和公共土地，建立和实施年度放牧征收制度，并且提出修改替代费用、取消放牧咨询委员会及联邦政府的收入份额。

随着公共草地生产管理的加强、人们生态保护意识增强，美国政府出台相关土地保护法案，旨在加强草原等土地的保护管理。

1969 年出台的《国家环境政策法》(NEPA) 是对自然资源产生巨大影响的一部立法。NEPA 以努力保持和改善环境条件为目标，要求相关部门必须定期提交公共土地利用的环境影响报告，强调对公共土地生态学和美学价值的关注，明确指出资源管理不仅是为后代保存资源，还需顺应经济和社会对资源需求的变化。自该法案颁布后，草地管理的环境影响报告提供了公共草地管理和草地健康的大量信息，促进了草地资源的利用和可持续管理。规范了防止消除损害环境的行为，丰富了人们对生态系统和自然资源的理解。1976 年出台的《联邦土地政策管理法》是草地立法的又一个里程碑，也是国家土地局管理公共土地需要遵循的主要法律。该法扩大土地管理局的权力，授权土地管理局利用系统、多学科理念创新公共土地的管理，建立多用途土地资源管理框架，倡导草地资源长期综合规划和各学科间相互协作，促进了可持续生产科学管理和公共草地多种用途的开发。而《公共草地改良法》(1978 年) 也提出了草原野生动物的保护政策，要求拆除和搬迁威胁马和野驴及其栖息地以及草地其他价值的设施。

近年来，随着草原转化为耕地的步伐加快，美国也通过一系列法规加强草原保护。最有效的《农业法》(2008，2014) 提出的草原保护条款，规定在爱荷华州、明尼苏达州、南达科他州、北达科他州、内布拉斯加州和蒙大拿州六州所有县，凡是由草原转变而来的农业用地，前四年的作物保险费补贴将减少 50%(Miao et al.，2016；Clark，2020)。2021 年以来，美国众议院一直推动出台《北美草原保护法案》，以进一步建立草原保护机制，包括建立保护委员会、制定保护战略、设计实施保护和修复项目，特别是支持自愿性草原保护项目实施的资金项目，为草原栖息地恢复和保护提供资金。其中拟资助的范围包括乡土草原恢复、入侵物种防控和计划火烧开展等。

2. 草原政策机制

为了促进草原保护和可持续利用，美国采用基于激励机制和基于地役权保护两种政策机制，以保护草原不被转变为其他土地用途(Clark，2020)。

美国通过《农业法》及相关政策，推行草原保护补贴补助、低息贷款等资金激励机制，鼓励草场所有者保护草场，不将其转变为耕地。其中，为了加强美国草原资源的利用和保护，美国农业部自然资源保护局出台了一系列长期稳定的草原保护建设支持政策，对草原经营者提供资金补偿和技术支持，包括土地休耕计划(Conservation Reserve Program，CRP)、放牧地保护计划(Grazing Land Conservation Initiative，GLCI)、环境质量激励项目(Environmental Quality Incentives Program，EQIP）。土地休耕计划项目始于 1985 年，目的是通过土地休耕减少水土流失和农业面源污染。主要措施是在土地休耕期间实行严格禁用土地并对农牧户进行补贴，但在特别干旱的年份，允许农牧民在限定范围内进行适度利用，以减少损失。项目执行周期为 10～25 年，补贴标准根据农田或草地的生产水平具体决定，但每户一年的补贴最多不超过 3 万美元。放牧地保护计划始于 1991 年，依托技术推广部门和科研院校等机构，为私有牧场提供免费的技术指导和培训，普及先进的牧场管理技术，提升牧场主生产管理能力，使草原等自然资源得到更好地保护和利用。环境质量激励项目从 1996 年开始实施，通过资金和技术支持帮助农牧民规划和实施农田改良，开展草田轮作等措施加强农田和草原资源保护，减少水土流失，提升环境质量。该项目执行周期一般为 6 年，最长不超过 10 年，每个参与者 6 年内获得的直接和间接资助不超过 30 万美元，环境质量改善显著的不超过 45 万美元。

同时，美国实施草原地役权制度，保护草原永续利用。草原地役权也指栖息地地役权，草原所有人将草原地役权出售给美国鱼类和野生动物管理局，取得资金收益。在此机制下，草原所有者必须同意永久保持草原植被，不开展耕作农业，同时限制草种采集、干草生产等草产业活动，以保护草原野生动物。但是该制度并不限制开展狩猎、采矿等经营活动。要加入草原地役权体系，必须是具有野生动物保护价值的草原，且优先考虑拥有较大面积湿地的草原、乡土草原、最易被转变为农耕地的草原等。同时，草原地役权地区不得重复申请草原保护激励项目。

草原保护区建设也是一种重要的管理机制。在生态环境保护理念及相关政策刺激下，各州在条件适宜的地区设立了草地相关的保护区，如美国加利福尼亚州（以下略称加州）的圣塔罗沙高地生态保护区和罗蒙娜草地保护区。这些草地保护区多以保护草原生态系统生物多样性为目的建立起来的，包括湿地生态系统、草原生态系统、丛生禾草草原、野生动植物、草原鸟类等生态系统和物种。美国在草原保护区管理中紧密围绕保护对象采取保护措施，通过火烧、放牧等方式严格控制外来物种，促进本地物种的自然恢复，保护生物多样性。在恢复过程中，对区域内动植物、土壤微生物等因素的影响及动态变化进行长期的定点观测研究。

（三）草原管理机制

1. 管理机构

美国涉及草原资源的管理机构主要有三类：政府机构、行业协会和一些非营利组织。政府的管理机构主要是美国农业部和内务部，其管理职能各有侧重。

草原、草场和牧场对于美国而言，不但是生产性资源，也是生态资源，因此分属不同部门进行管理。农业部主要负责草场的生产管理，职责上更多的是协调、指导、服务与合作。其下属的林务局负责 20 个国有草原的管理，面积大约 160 万 hm²，主要分布在落基山脉西侧及大平原地区的俄勒冈州、加州和爱达荷州。自然资源和保护服务局则是管理私有草场的主要部门，主要职责是出台相关指导性政策、引导生产和提供技术支持。在满足牧场主经济利益同时，注重草地的可持续利用，不断增强草地的生态功能。内务部土地管理局的主要职责是管理全国约 0.65 亿 hm² 天然牧场，具体职责是制定公共土地放牧政策，通过法律、政策措施保护草地，开展草地的保护性利用，实现草地的生态目标。此外，鱼类和野生动物管理局负责草原景观的保护和维持，特别是草原野生动物及生物多样性保护。

在具体管理中，行业协会和非营利组织从事草原资源保护辅助性工作，在草原保护利用中发挥了重要的支持作用。例如，加州天然牧草协会由所有对加州牧草和草原生态系统发展、提高、保护和重建感兴趣的单位和个人组织形成，通过培训、年会和出版物为会员提供技术和信息服务。此外，加州土地管理中心、野生动物研究所等非营利组织，也从事草原资源保护工作，运转经费来自社会捐款或发展基金。

2. 管理机制

美国的天然草原分为国家所有和私人所有两种所有权形式，草原的所有权不同，其管理方式也有所不同。

国家所有的天然草原主要是通过许可证管理的方式，由土地管理局和林务局根据牧民申请发放放牧许可证，租赁给私人使用，并根据不同地区的草原植被情况确定相应的牲畜头数。承包使用者必须严格按照规定的放牧强度进行放牧利用，一般不能超过可利用牧草产量的 60%，同时也不得低于 40%，以保证国有草原的可持续利用。

对于私人所有草原，主要是通过政策和技术推广等方式，引导草场所有者提高对草原保护的重视程度，改进草原利用和牧场管理技术。除生态补偿和环境改善等政策、资金支持之外，美国农业部还依托研究机构开发出降水指数（rainfall index）和植被指数（NDVI）推行放牧地植被利用的农业保险，依据某地区两个指数的数值给予相应损失赔偿，减少农牧民损失。草原家畜生产早期预警系统（livestock early warning system，LEWS）也是一个指导生产的重要模型，通过预测草地肉牛和绵羊等家畜生产，预防灾害对草地畜牧业生产的影响。在技术推广方面，主要通过鼓励科研机构开展草原科学利用试验研究与示范，用具有说服力的科学数据让草原所有者了解草原在不同技术经营模式下将会出现的差异，使他们主动接受草原合理利用的科学方法，以推进草原的可持续利用和生态环境的持续向好。

为了加强草原的保护和利用，美国还积极开展草地资源监测，引入遥感、地理信息、卫星影像等技术，结合样地调查，确定过去 40 年未耕作的草场。采取全面普查和重点监测的方式，动态跟踪全国草原生态和生产力状况，同时确定过去 25 年未耕种过且拥有完整性的草原（Clark，2020）。美国草原监测样地面积占全国草原面积的 1%~2%，持续实施、覆盖面广的草原监测工作，为研究制定科学草原政策、指导草原畜牧业生产打下了良好基础。此外，美国农业部每 5 年开展一次草原普查，对草原情况进行全面摸底调查。在土壤和植被详尽调查的基础上，将草场生态类型细分至"生态单元"，据此对草场的管理进行分类指导。目前，美国每个草原生态区的信息已录入数据库并在互联网上公开，包括生态区的位置、类型、编号等，为农牧民和政府部门科学管理牧场提供了精准的数据参考。

（四）草原资源管理的特点

美国的草原经济及草原产业十分发达，由于草原经济的重要性，美国十分重视草原资源的保护性利用，通过有效促进草原资源的保护和种植，因地制宜采取措施促进草原和草原畜牧业持续健康发展。总体而言，美国在草原资源的保护性利用方面体现以下优势与特点：

一是以草原面积保护为核心任务，加强草原保护利用。美国草原虽然具有重要的社会、经济、文化和生态作用，但在农业扩张、城市扩张、气候变化等因素下，草原面积快速下降。为此，美国通过制定出台一系列法案，建立了草原保护的法律体系和政策框架，从环境影响评价、草原资源监测和调查、草原生态环境保护、草原生态补偿等方面，停止和扭转草原特别是草场被改为耕地的趋势。同时，美国草原保护政策执行时间都很长，退耕（牧）还草项目（CRP）、放牧地保护计划（GLCI）、环境质量激励项目（EQIP）这 3 项重大政策分别从 1985 年、1991 年、1996 年起开始实施，直至今日依然有效。长期稳定的支持政策，促使草原所有者进行长期规划设计，从而提高所有者加强保护和合理利用草原的意识，促进草原和草原畜牧业长期可持续发展。

二是发挥牧场主的能动性，加强草原生态保护。在草原私有和产权保护的前提下，如果不能调动所有者的积极性，转变草原畜牧业生产方式、更好地保护利用草原就是无源之水、无本之木。美国针对大部分草原属于私人所有，采取了政策导向、资金支持、技术支撑、机制创新等多种方式，引导和鼓励草原所有人及牧场主等积极参与草原保护性利用，提高草原生物多样性。牧场主或草原所有人可以根据草原生态特征，选择加入不同草原生态保护项目，据此申请不同类型的补贴补助，从而弥补因草原生态保护带来的经济损失，激发牧场主参与草原保护项目的积极性。同时，美国鼓励发展农民合作社强化农牧民间的联合和协作，一方面降低农牧民的草原经营成本，另一方面推广应用草原生产和保护相关的先进适用技术。此外，在草原保护利用政策实施过程中，建立了与农牧民定期沟通交流的机制，根据农牧民反馈的情况对政策进行相应调整，保证政策在执行过程中能始终保持对农牧民切身利益的关注。

三是利用科学模型指导农牧民生产和助力政府决策。美国各州政府充分利用科研机构，研发出专门的科学模型，利用扎实细致的草原管理基础数据，为指导农牧民开展生产提供了强有力的数据支撑。在空间维度，引入"生态单元"概念，从空间维度对草原生态和资源状况进行了进一步细分，对于指导生产有着非常积极的意义。在时间维度，美国政府建立了全面持续的监测体系，既有 5 年一次的全面普查，也有每年都开展的重点监测，从而掌握了草原生态状况变化的动态数据。通过空间和时间双重维度对草原生态状况的精确把握，是美国联邦政府制定、出台有效政策的有力支撑。同时，美国推广机构利用科学模型和试验示范等手段，不断增强草原经营者对新技术模式的理解和掌握，为农牧民开展草原保护提供了有力的技术支持。

四是推行建立合作伙伴机制，促进草原保护利用科学研究和技术推广。美国在草原保护利用中强调多利益方合作，政府部门、科研机构、推广机构、私人基金会、商业企业、合作社等多类型主体密切合作。政府部门对于基础性研究给予资助，科研机构着力开展关键技术研发和集成，推广机构搭建起先进技术与农牧民之间的桥梁，商业企业通过市场运作普及推广先进品种和技术模式。这些环节相互联结，构建起了实验室研发到实践应用的高速公路，形成了高效的产业技术体系。其中，政府与非政府组织之间的协调配合，共同保护草地是美国草地保护的一个显著特点，合作领域主要包括草场保护技术支持、帮助政府取得草原地役权、推广设立草原保护区等。

二、加拿大

（一）草原资源概况

加拿大草原属于温带草原，多为草场（prairies），面积占北美草原的 16%（Hisey et al.，2022）。主要草原类型包括高草草原、混合型草原和矮草草原（糙羊茅草原）。其中，矮草草原分布在阿尔伯塔省南部和萨斯喀彻温省西南地区，高草草原则分布在马尼托巴省南部及跨越阿尔伯塔省中部、萨斯喀彻温省中部和马尼托巴省南部地区的山杨稀树草原。从起源来分，加拿大草原可以分为天然草原、森林草场和半永久人工草原（Bailey et al.，2010）。

根据加拿大统计局的数据，2011 年加拿大草地面积 3329 万 hm²，占加拿大国土面积的 3.4%，天然草场面积为 1147 万 hm²，而各类牧场（包括天然草场和森林草场）面积约为 1563 万 hm²。其中，天然草原主要用于放牧，人工草场约 70% 用于生产干草和饲料作物，另外 30% 用于放牧（时彦民等，2006）。阿尔伯塔省、萨斯喀彻温省，以及马尼托巴省（南部地区）是加拿大草原的主要分布区，是著名的草原三省，总面积约 2 亿 hm²，约占加拿大国土面积的 20%。此外，大不列颠哥伦比亚省中部地区和安大略省西南部地区也有部分草原分布。

其中，马尼托巴省草原面积约为 147 万 hm²，主要为白杨公园和混合草地，乡土植被占陆地面积不到 18%，高草草原是该省最小的组成部分，主要分布于红河谷泛滥平原，现已经缩小不到原来范围的 0.1%。萨斯喀彻温省草原面积约为 2410 万 hm²，大约 21%（517 万 hm²）的草原地区是原生草原，主要包括阿斯彭公园（105 万 hm²，占原生草原的 12.9%）、湿润混合草地（105 万 hm²，占 15.5%）、混合草地（270 万 hm²，占 31.3%）等。艾伯塔省草原面积约为 970 万 hm²，其中 420 万 hm² 是原生草原，约占加拿大原生草原的 43%。

加拿大草原在过去 200 年里，由于皮毛贸易、农业发展和铁路修建，已丧失 70% 的面积。目前，只有 6% 的草原生态区处于保护状态，导致加拿大温带草原成为最濒危、保护最不足的生态系统（Government of Canada，2021；Hisey et al.，2022）。目前，大草原是加拿大最重要的草原地区，从阿尔伯塔省府埃德蒙顿市起，向南延伸跨越阿尔伯塔省、萨斯喀彻温省以及马尼托巴省这 3 个省，直至马尼托巴省和美国明尼苏达州的交界处，跨越主要气候区、生物地理区及地质区，是重要的农业和工业地区。大草原农业产值占加拿大的一半，提供了 80% 的耕地，同时拥有加拿大最大油气储量及发展最快的城市。其中，阿尔伯塔省的天然草原面积最大，为 567 万 hm²，而马尼托巴省的天然草原面积最小，只有 112 万 hm²。萨斯喀彻温省天然草原面积为 467 万 hm²。

（二）草原管理政策法规

加拿大从政策角度，关注草原的利用，出台的法规政策更倾向于草原农业发展，长期忽视草原保护性利用，不但致使草原面积大幅减少，而且缺乏系统的政策法规框架，特别是在草原管理与气候变化联系方面（Laforge et al.，2021；Hisey et al.，2022）。由于加拿大是一个联邦国家，联邦政府在草原法制建设方面颇有些有心无力，草原管理和保护相关政策法规则由各省制定。

联邦政府于 1935 年发布了《草原农场复兴法》，旨在从草原三省收回因干旱和侵蚀而极度退化的草原，通过实施社区牧场计划，保证这些退化土地的可持续保护与利用。根据该法案，联邦政府有义务保证收回的退化土地的可持续利用，而联邦农业部长必须每年向议会汇报法案的执行情况。为此，根据此法案成立的草原农场复兴署（PFRA）自1939年开始实施社区牧场计划，一方面接收和租赁了萨斯喀彻温省以及马尼托巴省确认的退化土地和抛荒土地，另一方面在草原三省购买了其他退化草原，为土地恢复及可持续管理提供服务。

草原三省也出台了相关法规与政策。在阿尔伯塔省，一方面出台天然草原保护政策，规定了天然草原保护的三大原则，即尽量避免利用天然草原、尽量减少工业生产对天然草原的蚕食与影响、开发有利于恢复受影响天然草原的实践方法。另一方面针对牧场管理制定了四部重要法规，即《公共土地法》《公共土地管理法规》《森林保护区法》和《游憩法规》。《公共土地法》和《森林保护区法》规定了落基山脉森林保护区中的公共牧场管理要求，而《公共土地管理法规》和《游憩法规》则进一步对该省牧场管理作出了指导性要求。萨斯喀彻温省出台了《省土地法》和《牧场法规》，并根据这两个法规，针对草地国家公园出台了相应的法规，包括《草原国家公园法》和《草原国家公园地表权法规》。

2021年，加拿大承诺到2025年把国土面积的25%保护起来（Government of Canada，2021），同时关注草原在缓解和适应气候变化的作用。现有联邦气候政策大多涉及草原。加拿大针对《巴黎协定》提交的国家自主贡献报告提出，草原将是重要的减排途径。2020年气候规划也提及草原农业，提出要利用草原资源大力发展生物燃料（Laforge et al.，2021）。

（三）草原管理机制

1. 管理机构

加拿大草原管理在2013年之前建立了三级管理体系，即联邦、省和私营部门各自管辖所属草原。

在联邦一级，为了应对20世纪30年代出现的大面积干旱、抛荒和土地退化等问题，根据1935年颁发的《草原农场复兴法》成立了草原农场复兴管理局（PFRA），下设在加拿大农业与农产品部。其主要职责是在阿尔伯塔省、萨斯喀彻温省以及马尼托巴省恢复干旱和土壤风蚀地区，并开发和推广农耕、种植、供水、土地利用和土地整备等系统，从而实现草原地区的经济安全。此外，加拿大国防部也负责管理一部分草原，主要作为训练基地。然而，加拿大联邦政府2012年宣布，撤除PFRA这一级管理机构，并用6年时间将PFRA管理的牧场逐渐移交给草原三省，到2018年全面完成移交任务。随着加拿大在草原管理中更关注土地保育和气候变化缓解等问题，新成立的环境和气候变化部门（ECCC）在草原保护政策制定和实施中发挥着更大作用，负责管理萨斯喀彻温省的由戈文洛克、那希林和以及巴特尔克里克三个相邻草原组成的草场牧场保护区。

在省一级，萨斯喀彻温省由省农业部管理草原，通过省牧场计划，开展收费服务，由农业部聘请专业人士管理草场，提供畜牧支持和服务。马尼托巴省由农业部农业、食品和乡村发展司负责管理草原工作，与萨斯喀彻温省不一样的是，马尼托巴省的政策不以盈利为目标，而是致力于保护生态脆弱的草原。在阿尔伯塔省，负责管理草原的是环境与公园部，主要是管理省牧场保护区，但在1992年退出了保护区的直接管理，由之后成立的省牧场保护区协会负责管理。

加拿大私营组织在草原保护利用方面发挥着重要作用。其中，加拿大自然保护机构、加拿大草饲和草原协会等是重要的草原保护机构。他们与政府部门、草原产业从业人员、科研机构等密切合作，通过知识分享、科学研究、技术支持、市场支持等方式促进草产业发展及草原保护，为政府政策制定提供科学和实践支撑。同时，在政府及相关捐资者的资金支持下，实践草原保护项目，采用采购、租赁等手段，建立草原保育区。

同期，联邦政府不再为 PFRA 的防护林种植计划提供资金。同时，草原省正在进一步推行草原私有化。如萨斯喀彻温省自1922年开始实施省牧场计划，促进在职业管理人员的协助下加强放牧管理，但是该省2017年宣布结束这一计划，进而选择与联邦政府和牧场主共同保护草原。

2. 管理机制

加拿大草原有两种所有制形式：一是国有草原，二是私有草原，大部分草原属私有。国有草原相当部分实行市场化管理，即长期租给私人使用，承租人必须按照国家法律开展草场保护和建设。政府收取国有草原租金后，将相当部分的租金直接用于草原保护建设。对于私有草原，联邦和省政府以及私营机构通过各类方式，激励牧场主开展可持续利用。

草原管理机制主要包括：

（1）分类管理利用　加拿大对不同草原类型采取不同的管理机制，以加强天然草原保护、强化人工草场利用为原则，推进草原可持续管理。

其中，对分布在平原、高地和浅山区的天然草原强调加强保护，确保合理利用，严格控制载畜量和控制放牧强度。天然草场利用率不得超过产草量的50%~60%，以保证畜草季节平衡、年度平衡和营养平衡。如果载畜量和放牧强度超过了规定的标准，国家有权进行干预，收回租给私人的草场。人工草场则强调优良草种的利用和精细化管理以保证草场高产稳产。为了保护草原，调动农牧民保护和建设草原的积极性，对翻耕种草给予50%的补助费，引导农牧民照顾长远利益建设和管理草原。对条件差的地区，政府代订购牧草种子，不收手续费。在干旱地区饲草不足需从外地调运牧草时，免收运费。

（2）**实施社区牧场计划** "社区牧场计划"始于 1937 年，旨在为草原三省提供土地管理服务，通过建立社区牧场和草场、鼓励农场主搬离生态脆弱地区、提供地理和设施等相关信息服务等一系列措施，加强草原生态保护和恢复。

在此计划下，牧场经营管理实行经理负责制，成立由 5 个当地居民组成的咨询委员会对经理工作进行指导。经理负责管理社区牧场的一切事务，其他管理人员由牧场经理聘任，日常工作是巡查牧场中的牧草和牲畜情况，对生病的牲畜进行简单的治疗。疫病防治费用则按实际发生额收取。在具体的管理中，将草地划分为两部分，即放牧场和人工草地，实行围栏放牧、划区轮牧。每片草场都有明确的放牧时间和放牧路线，按照草场等级状况进行放牧管理，保证草场更新和牧草充分恢复发育，实现高效利用（徐君韬，2011）。为了确保社区牧场的有序运行，PFRA 每年对社区牧场进行监测评估，将草地状况划分为优、良、中、差四个等级和健康、次健康、不健康三个水平。根据评估结果，确定不同草场的轮牧时间、数量和天数，并对草场生态严重受到威胁的牧区实施禁牧管理。

社区牧场的职能并不是为了饲养牲畜，而是按牧场载畜量在夏季为周边的牧民和中小规模农牧场主提供放牧管理服务，并按牧畜数量收取一定的管理费用（徐君韬，2011）。该计划于 2019 年 3 月 31 日结束，社区牧场由农业部门统一出售。为应对这一变化，萨斯喀彻温省正在探索成立新的管理制度。即在出售社区牧场时，对保存完整的天然草原开展地役权管理，由环境和气候变化部门进行管理（Hisey et al.，2022）。

（3）**加拿大农业合作伙伴** 在社区牧场计划结束后，加拿大为牧场主和草原所有者提供各类资金支持，以实现草原保护、缓解和适应气候变化等目标。为此，建立了加拿大农业合作伙伴（CAP），为草原气候智慧性利用提供资金。CAP 包含不同资金支持计划，如联邦资助计划、成本分摊计划（联邦和省各承担 60% 和 40%）、商业风险管理计划等。通过 CAP，加拿大在 2018—2023 年共投入 30 亿加元（Laforge et al.，2021）。

其中，环保农场计划与草场更为相关，主要通过农场评估，确定推进可持续经营的行动。此计划覆盖全国各省，但不同省负责部门不同，如阿尔伯塔省指定农业研究和推广委员会负责实施，而马尼托巴省则由第三方机构——农业生产者协会负责。该计划虽然在各省的覆盖率不高，但相关部门仍认为其在提高牧场可持续经营和气候变化适应性方面发挥了较好的作用。

此外，加拿大环境和气候变化部门针对濒危野生动植物保护，计划采购、租赁之前的社区牧场成立草原牧场保护区（PPCA）。

（四）草原管理特点

加拿大草原在政策导向和经济发展需要的刺激下，大量转化成其他土地用途，特别是农用地。同时，加拿大内陆地区夏季干旱，降水不足，草原地区可能1个多月没有降水。人为因素加上自然原因，使得草原更易受到荒漠化的威胁。在此情况下，加拿大草原保护性利用呈现以下特点：

一是以草原农耕为主要管理对象，强调保护性利用。联邦和草原三省政府推行社区牧场计划，按牧场载畜量为农牧场主和牧民在夏季提供放牧管理服务，根据社区牧场评估结果确定适宜载畜量标准，提出专业的管理意见，以确保社区牧场的草场生态始终处于良好的状态。同时，为保证草场和农牧业可持续发展，开发推广水供应项目，为牧场主提供技术支持和资金支持，形成比较完善的牧场供水体系，有效保证牲畜和清洁用水的供应，平衡草场和水源的分布，达到有效利用水源和保护草场的目的。

二是推进草原保护区建设，提升保护力度。加拿大草原管理多归属在农业部门，强调生产管理，对草原保护不足。但随着草原面积快速减少，公众对天然草原保护关注度提升，加拿大建立天然草原国家公园和自然保护区，由国家公园署统一管理，强调草原植被和草原生物多样性保护。1981 年在萨斯喀彻温省南部正式成立草原国家公园，计划占地面积 $907km^2$，成为加拿大 43 个国家公园及公园保留地中的新成员，旨在保护加拿大为数不多未被破坏的混合型草原及矮草混合型草原，进而为少数几种适应严酷环境及半干旱气候环境的植物及动物提供栖息地。目前，该草地国家公园通过发展旅游业，在利用中得到了有效保护。

三是建立健全牧场监测制度和方法。每年 6 月 15 日至 8 月底，PFRA 及省相关人员都会派专业人员对牧场草地进行监测和取样，对草地植被覆盖度、草地植物种类组成、不同植物在草群中比例、枯落物存量等进行综合评估。根据评估结果，确定不同草场的轮牧时间、数量和天数，并对草场生态受到严重威胁的牧区实施禁牧管理。通过分类管理经营，草场利用的可持续性得以保证。

四是利用环保组织和产业协会的力量保护草原。加拿大草原相关环保组织和产业协会在草原保护中发挥着极其重要的作用，特别在推进产学研、公私合作等方面。各类环保组织纷纷募集资金，开展实地保护工作。如加拿大自然保护组织从 1962 年建立以来，与政府部门、民间和私人机构合作，通过捐赠、购买、订立保护区协议等方式，共保护 8.2 万 hm^2 草原面积（NCC，2024）。

虽然加拿大在草原和草场可持续利用方面取得了较好的管理成效，但 2013年开始的社区牧场移交到省却引发众多担忧。尤其是萨斯喀彻温省，由于本届省督是在农牧场主的支持下取得了选举胜利，因此极有可能会直接将移交的社区牧场租赁或出售给农场主，这将不利于这些草场的恢复性利用。

第四章

南美洲

一、阿根廷

（一）草原资源概况

阿根廷共和国（简称阿根廷）位于南美洲东南部，国土面积 278.04 万 km²（不含马尔维纳斯群岛和阿根廷主张的南极领土），其中草原面积为 146.3 万 km²，约占国土面积的 52%（White et al.，2000），包括中部地区的潘帕斯草原、东北地区的坎普斯草原和西部地区的巴塔哥尼亚高原草原。潘帕斯草原中只有 30% 是天然或半天然草原，而坎普斯草原有 80% 是天然或半天然草原（Miñarro et al.，2008）。

阿根廷有多种草原类型。一种被称为多叶草类草原，普遍分布于阿尔巴登-德尔-帕拉纳沙丘生态区，最常见的草种是侧生雄蕊草（*Andropogon lateralis*）。另一种是矮草草原，普遍分布于科伦特斯省中南部的岩石区和安多拜森林区，最常见的禾本科植物包括百喜草（*Paspalum notatum*）、阿根廷地毯草（*Axoopop argentinus*）和鼠尾粟（*Sporobolus fertilis*）。此外，也有处于以上两种草原类型之间的草原，其特点是多叶草和短草混合生长，分布于佛罗里米托斯地区的马赛克草原（Pallarés，2015）。

潘帕斯大草原是阿根廷最大的草原，地势自西向东缓倾。夏热冬温，年降水量 1000~2500mm，由东北向西南递减。面积约 76 万 km²，其中 66.3 万 km²，即相当于 87% 的面积在阿根廷境内。若以 500mm 的降水量为界，西部称"干潘帕"，其西南边缘生长着稀疏的旱生灌丛及禾本科草类，发育有栗钙土、棕钙土，多盐沼和咸水河；东部称"湿润潘帕"，发育有肥沃的黑土。潘帕斯草原具有明显的生物多样性，有上千种维管植物，包括 550 种不同的禾本科牧草，以及 450~500 种鸟类及近 100 种哺乳动物，包括濒危的潘帕斯鹿。由于畜牧业发展以及 20 世纪末至 21 世纪初农业的引入，潘帕斯草原原始地貌发生显著改变，天然草原大面积减少。根据官方机构提供的数据，过去 10~15 年间，天然草地面积减少超过 330 万 hm²，年减少率超过 0.5%（Demaría et al.，2003）。

在全球所有类型的草原中，温带草原以利用为主，保护状态最差。阿根廷草原保护就更差。潘帕斯草原在阿根廷的部分只有 1.05% 被划入保护区，而坎普斯草原阿根廷部分只有 0.15% 得到保护（Miñarro et al.，2008）。阿根廷草原很大部分属于牧场，以畜牧业生产为主。牧场主要分为四大类型：干旱半干旱草原灌木林区、亚热带稀树草原区、温带潮湿草原区、亚南极森林区。其主要功能及面积见表 4-1。

表 4-1　阿根廷牧场类型

牧场类型	草地类型	面积（万 hm²）	年均降水量（mm/年）	植物群落
干旱半干旱草原灌木林地区	巴塔哥尼亚（冷荒漠、半荒漠地区）	6000	300	灌木类干草原、干草原、谷底低洼草原
	蒙特（热荒漠、冷荒漠、半荒漠地区）	4600	80~300	灌木干草原
	卡纳德尔（半干旱树林地区）	230	300~500	树林
	西部（干旱地区）查科（半干旱林地和稀树草原地区）	6500	320~800	稀树草原
	普钠（冷荒漠或半荒漠地区）	900	200	灌木干草原
亚热带稀树草原区	东部（湿润地区）查科（亚湿润森林和热带稀树草原地区）	250	800	森林及稀树草原
	埃斯皮纳尔（森林、林地、稀树草原地区）	300	1000~1200	森林及稀树草原
温带潮湿草原区	潘帕斯（温带草原地区）	5000	700~900	草原
亚南极森林区	假山毛榉林（温带半落叶林地区）	200	1000 以上	森林及稀树草原

资料来源：FAO，2018.

（二）草原管理政策法规及规划

1. 草原政策和法规

阿根廷宪法第 121 和 124 条规定，草原等自然资源由地方各省管理，联邦政府通过制定指导意见、行政令等方式影响各省草原管理政策框架（Bouza et al.，

2016）。草原保护和管理的政策法规并不完善，且散落在不同部门和领域，主要包括农业、国家公园、生物多样性保护等领域。

阿根廷是个农业大国，放牧地等农用土地占国土面积的62%，达到1.75亿hm²（Victoria et al.，2019），因此实施"农业立国"政策，其所得税、增值税等主要税种均涉及农牧业。草原也主要用于生产，相关法律法规均为促进草原生产而制定。为保证新品种的质量，政府专门制定了《种子法》，规定草料在内的新品种须经3~6年的观察鉴定，检测合格后才准许大量生产和出售（杨惠芳，2010）。

阿根廷在草原保护方面也出台多项政策，旨在保护草原生态和生物多样性。其中最为突出的是草原水土流失治理和草原保护区建设。在生物多样性保护方面，阿根廷制定了《国家生物多样性战略》，提出到2020年将其国土面积的13%保护起来，并且每个生态区至少有4%的面积置于保护之下。到2019年，潘帕斯草原共有9957km²被保护起来，约占该生态区面积的2.5%（Victoria et al.，2019）。在治理草原水土流失方面，阿根廷施行的政策是顺应自然，不掠夺式生产，对土地施行保护式开发利用。退坡还川，退耕还草，坡度在3°以下的土地作为牧区，种植牧草，坡度大的土地主要作为林地，真正做到宜农则农，宜草则草，宜林则林。在国家公园保护方面，截至目前，已出台有关国家公园建立和完善生态保护体系的法令法规百余项，其中也涵盖了草原国家公园。

2. 草原保护规划

自2000年以来，阿根廷逐渐重视草原的保护和利用，强调草原保护规划的制定。在国家层面，与国际组织合作开展了两项调查，评估其境内的温带草原保护状态，进而为制定保护规划提供基本信息。根据这些调查结果，针对牧场改良制定草地保护利用战略规划，提出主要保护任务，包括大范围恢复灌木灌丛及天然次生林以及治理由于过牧造成的大面积裸露的土壤。根据规划，阿根廷采取主动播种、培养，将本土灌木和乔木数量控制在临界值之上，以确保牧草料产量及放牧条件，并采用"一年生禾本科牧草代替原有植被""将牧草年度整合计划加入生产系统以提升次级生产力等措施"，确保牧草的生长以达到有效的保护和利用。

（三）草原管理机制

1. 管理机构

阿根廷草原管理机构是农业、渔业和食品业国务秘书处（以下简称"农业秘书处"），隶属于经济、公共工程和公共事务部（通称"经济部"）。农业秘书处的职能是负责农、林、牧、渔产品的卫生检验和质量检验；保护和管理国家的森林、公园、自然保护区和名胜古迹；制定有关农业、牧业、林业、渔业和狩猎活动的法规并进行执法检查；在边境、港口、机场建立动植物卫生检疫窗口，对进口的农、牧、林、渔产品进行检查；制定、执行并检查农村土地制度并管理国有土地；参与制定农村电气化计划、灌溉计划以及防涝措施等（阿根廷农业、渔业和食品业国务秘书处网站，2018）。

此外，在经济部管辖下的有关农业的重要机构和单位还有全国谷物委员会、全国肉类委员会、全国农牧业技术研究所及种子委员会等。创建于1956年的全国农牧业技术研究所（INTA）是全国性科研机构，由阿根廷国务秘书处领导，下设全国研究中心、地区中心试验站及技术推广站等不同层次的机构，形成了全国范围的科研与科技成果推广的完整体系。

阿根廷自1903年起，把每年的11月6日定为全国国家公园日。1934年成立专职管理机构——阿根廷国家公园管理委员会，并正式对外开放第一座国家公园，管辖范围包括草原相关的国家公园。

2. 管理机制

在阿根廷，80%的土地是私人所有，全国没有统一的土地管理机构，土地保护管理相关的土地资源调查、评价、规划、产权保护和交易等业务均分解到不同的部门。就草原、草场和牧场保护方面，阿根廷实行以下机制：

一是建立国家公园管理机制。为了建立草原国家公园，加强草原调查，通过与国际组织的合作调查，确定阿根廷境内有32个高价值草原区，总面积159万 hm^2，占国土面积的3.5%。

二是牧场农牧轮作机制。将人工牧场先种4~5年的谷物，然后再改种紫花苜蓿等优质牧草用来饲养牛羊，4年后再种植谷物，把牛羊赶到另一块由谷物改种牧草的地段。种了几茬谷物后土地肥力减弱，再种有根瘤菌固氮作用的牧草，加上牛羊的粪便，使土质转肥。这样不仅使土地保持肥力，还有力保护了草场，防止土地退化、水土流失等问题（唐海萍，2014）。

三是对草原保护区实施分区管理。将保护区分为禁入区、广泛型公共用途区、密集型公共用途区、特别用途区和恢复区。为了对各区域进行准确划分，采用"资源清查与规划系统"管理方法，通过实地考察和与专家咨询，收集地理信息数据并绘制保护区地图，确定保护区的保护任务，同时针对每项保护任务确定最佳、最合适的保护区点，形成最后区域划分图，以此加强保护区的管理和保护（Dellafiore et al.，2002）。同时，加强对专业公园管理人员的培养。之后，又成立了国家公园管理员培训学院。许多地区都建有国家公园管理员培训学校。

（四）草原管理特点与问题

阿根廷草原以利用为主，随着国际社会对草原生态系统的关注以及阿根廷草原退化日趋严峻，阿根廷近年来有意识地加强了草原的保护。其中最具特色的是建立各类草原保护区，包括国家公园、保护地、草原自然保护区等，目前，草原相关的国家公园及各类保护地有56个，面积超过253万hm²。在草原保护区中，根据各区域特点进行保护并采用"资源清查与规划系统"，通过区域划分管理模式，有效地保护了重要草原保护区（Natale，2012）。由此不难看出，阿根廷在保护区管理方面具有先进的管理理念和方法。然而，阿根廷在草原保护和利用中，面临着不少问题，包括：

（1）草原的保护水平不高，草原退化是普遍性的严重问题　阿根廷草原保护水平在全球范围内属低下水平，只有0.3%左右的面积处于保护状态。与此同时，由于大规模畜牧业和农业生产、集约化草原生产系统、缺乏轮牧规划等因素，草原生态系统保护面临极大的压力，原有草原景观发生了极大变化，草原退化越来越严重，大约40%的草原受到退化的威胁（Fernández et al.，2022）。在一些地区，农作物和人工林对草地的替代率已超过5%。只有一小部分的地区仍然保持类似原来天然草原的地貌，然而普遍面积较小且分布零散。

（2）草原鸟类及濒危物种栖息地遭到破坏　阿根廷潘帕斯草原面积逐年缩减，导致草原鸟类栖息地面临严重威胁。为更多濒危物种提供栖息地的阿根廷北部草原也同样面临着保护不力的问题。如阿根廷Entre Rios和Corrientes省的"美索不达米亚"草原（位于阿根廷东北部巴拉那河和乌拉圭河之间）中的13种濒危物种正遭受过度放牧和草原火灾等威胁（White et al.，2000）。

（3）外来植物的引进以及非法偷猎贸易是阿根廷草原面临的最大威胁　外来植物物种的引进破坏了境内原有的生态系统，导致乡土物种的减少，而非法偷猎及其贸易导致草原动物受到极大威胁，不但破坏了草原生物多样性，而且导致一些物种濒临灭绝。

二、乌拉圭

（一）草原资源概况

乌拉圭位于南美洲东南部，北邻巴西，西界阿根廷，东南濒大西洋。国土面积17.6万km²，以其优美的自然风光和安定的社会环境，获誉为"南美瑞士"。境内丘陵和草原相间，地势大部分平坦，平均海拔116m。其中，南部是起伏的平原，北部和东部有少数低山分布，西南部土地肥沃，东南部多斜坡草地。

草原是乌拉圭的主要植被，也是乌拉圭面积占比最大的生态系统。草原总面积14万km²，占国土总面积的79.5%，属热带稀树草原区，主体部分是坎波斯草原，是拉普拉塔草原的组成部分，分布在巴拉那河的东面（Brazeiro et al.，2020；廖望等，2021）。80%的草原景观由天然多年生和一年生顶级C3、C4草原植被组成，属于潘帕斯草原中的热带稀树草原区（表 4-2）。乌拉圭牧场面积辽阔，放牧草地占总土地面积 75%，农牧业在国民经济中占有重要地位，牛肉、羊肉、羊毛、皮革制品是乌拉圭的传统出口产品。其中，80% 的草原拥有永久天然草原植被，用于发展畜牧业，其余 20% 以不同轮作方式种植作物和人工牧草。

表 4-2 乌拉圭草原类型

草原类型	环境结构与特点
乔木草原	旱季>4 个月； 树木覆盖率 10%~40%； 单一树层，有茂密的旱生禾本科窄叶植物
	旱季>4 个月； 树木覆盖率超过 40%； 乔木为主要植被； 通常只有一个主要树层； 攀缘植物和附生植物罕见，有茂密的旱生禾本科窄叶植物
灌木草原	旱季>4 个月； 灌木覆盖率 10%~40%； 单层灌木，有茂密的旱生禾本科窄叶植物
草原	旱季>4 个月； 树木覆盖率小于 10%； 有茂密的旱生禾本科窄叶植物； 天然草场经常会出现季节性水涝，土壤金属离子浓度高

资料来源：2016—2020 年乌拉圭生物多样性保护与可持续利用国家战略。

然而，乌拉圭草原面临极大的退化和土地利用变化压力。由于农产品国际市场价格上升、新技术的开发利用、对林业支持力度加大，乌拉圭超过 1/3 的天然植被，绝大部分是草原，被用于农业耕作、人工林营建和城市化发展（Brazeiro et al.，2020）。乌拉圭草原已成为全球三大最受威胁的生态区之一（Säumel et al.，2022）。

（二）草原管理法规与政策

1. 草原管理法规

近年来，乌拉圭通过制定法规战略，加强生态保护工作，确定了国家生物多样性保护及自然资源可持续利用政策，为生态系统、物种和基因资源的保护奠定了坚实的基础，具有重要意义。目前在草原管理和保护方面没有专门的法规，但生物多样性保护和环境保护相关法规适用于草原管理。

其中，最重要的法规是乌拉圭所签署的与生物多样性保护相关的各类协定，包括《联合国湿地公约》《濒危野生动植物种国际贸易公约》《保护世界文化和自然

遗产公约》《生物多样性公约》等(表 4-3) 。乌拉圭在批准这些公约后，依据国际
公约的基本要求形成国内生态保护法律法规，通过法律的实施切实落实其签署的
生物多样性保护相关的各类协定，保证保护工作的开展。

表 4-3　乌拉圭政府批准签署的生物多样性保护相关协定

协定	签订时间及地点	主要内容	批准法律
生物多样性公约	1992 年 巴西里约热内卢	保护濒临灭绝的植物和动物，最大限度地保护地球上的生物资源	16048/1993
濒危野生动植物种国际贸易公约（CITES）	1973 年 美国华盛顿	致力于国际贸易市场监管，保护濒危野生动植物种。根据保护情况，公约最后列了三个附录：①国际市场完全限制的濒危物种；②如果不调整贸易则将濒临灭绝的野生物种；③需要国际合作以控制其贸易的物种	14205/1974
国际湿地公约	1971 年 伊朗拉姆萨	政府间协定，用于制定保护并合理利用湿地资源的国家行动框架及国际合作框架	15337/1982
保护世界文化和自然遗产公约	1974 年 法国巴黎	保护具有突出价值的文化和自然遗产。利用现代科学方法，制定具有永久性的有效制度	

在草原保护利用方面，乌拉圭重视草原生物多样性保护，制定法律保障国家
保护区的建设与管理。2000 年，乌拉圭政府通过《创建国家保护区体系法》(第
17. 234 号) 。根据法律的规定，2008 年成立了第一个国家保护区。2013 年，成
立了乌拉圭国家保护区管理局。2014 年制定实施《国家保护区体系战略计划
(2015—2020 年) 》。

表 4-4　乌拉圭政府针对生物多样性和环境保护制定的法律法规

法律涉及内容	法律号及发布时间	具体内容
土地与水资源	第 15. 239 号法律 1981 年 12 月 23 日	调整土地使用，说明"在国家层面推动与调节用于农业的水土使用与保护"
	第 18. 564 号法律 2009 年 9 月 11 日	修订第 15. 239 号法律中关于土地和水资源保护、使用及适当开发利用的相关内容，替代了第 15. 239 号法律中第 2 款关于土地与水资源战略的规定。要求所有人员有义务在土地和水资源的保护、使用及开发利用方面与国家开展合作
	第 18. 610 号法律 2009 年 10 月 2 日	建立国家水政策的主要原则，允许与 MVOTMA 竞争以推进国家水资源政策的执行力。应加强对水资源的管理尤其是与水相关的使用和服务。加强地表及地下国家公共水资源管控，屋顶、水池积存的雨水除外
森林	第 15. 939 号法律 1987 年 2 月 28 日	禁止砍伐或任何试图破坏自然森林资源的行为。第 25 条：根据 1938 年制定的法律保护棕榈林，禁止毁坏棕榈林的行为
国家自然保护区体系	第 17. 234 条法律以及 52/005 法令 2000 年 2 月 22 日	按照法规确定的标准，协调保护区的开发利用并按标准进行规划

同时，环境立法是草原等自然资源保护政策得以实施的重要手段。目前为止，乌拉圭已制定了包括《水法典》在内的若干环境法规（表4-4）。新的《矿业法》也明确指出不能过度利用自然资源。这些环境法规对破坏自然资源的法律责任做出了详细规定。为支持环境相关法律的实施，乌拉圭还制定了相关环境技术标准。通过这类技术标准，实施自然资源分级管理，并对自然资源保护质量进行了规定。

然而，应该注意到，乌拉圭作为一个发展中国家，虽然制定了不少环境法规。但由于经济、文化等诸多因素的限制，人们的环境意识还比较薄弱，制定的这些法规大都没能真正执行。这对乌拉圭的环境，特别是草原保护和利用的影响特别恶劣。

2. 草原管理政策

乌拉圭政府虽然依托生物多样性保护和环境保护开展具体草原保护工作，但在草原管理过程中，更倾向于加强草原的利用，通过土地、关税、检验检疫等政策，保证草原相关产业的发展，包括草原土地投资管理、农牧产品进口及关税、检疫检验等。

近年来，乌拉圭加快了草原保护和治理工作，制定与草原保护的相关政策，以此为指导开展草原保护行动。其中，《国家生物多样性保护战略》是一个重要政策措施，针对乌拉圭生物多样性所面临的主要压力及其产生的原因制定了战略总体目标，旨在减缓生物多样性保护的压力，解决产生问题的驱动因素，对草原生态保护具有重大意义。2015年修订的《国家生物多样性保护战略（2016—2020年）》提出了生物多样性保护主要任务：①减少乌拉圭主要生态系统的衰减与破坏；②推动生物多样性及自然资源的可持续利用战略实践；③控制外来物种入侵；④发展机制，加强管理及生物多样性知识的运用；⑤评估并更新包含生物多样性内容的国家法规，增强法规运用机制。

为加强草原保护，乌拉圭加大了保护区的建设和管理力度。2005年建立了国家保护地体系（SNAP），并且颁布了关于鼓励私有土地主自愿参与保护地建设的政府令，通过提供免税、补贴等资金支持，鼓励保护地周边的土地所有者采取环境友好型农牧生产，促进草原可持续管理（Scasso，2019），同时提高保护区数量和覆盖面积。国家保护区体系内的保护区15个（包括罗查省的卡波波洛尼奥国家公园、圣卢西亚湿地资源保护区等），总面积占乌拉圭国土面积的1%，有效保护了乌拉圭境内86%的生态区、92%的风景区、44%受威胁的生态系统和33%受威胁的物种（廖望等，2021）。

（三）草原管理机制

1. 草原管理机构

乌拉圭草原管理的特点是多部门参与，协作开展保护利用工作。目前，负责草原保护和可持续利用主要有三个部门，包括住房、国土管理和环境部，牧农渔业部和工业、能源和矿业部。其草原管理的职能和管辖范围互有不同，强调相互协作和支持（MVOTMAb，2018）。

乌拉圭农牧渔业部是草原管理的主要部门，主要负责制定草原、牧场等相关政策与规划，管理草原、森林、自然保护区并制定保护制度，监督管理种植业、畜牧业等农牧林业发展，对农牧林渔进口产品进行检疫检查等。下属的自然资源局和水利资源局重点负责草原保护以及草原水资源保护，实施草原等自然资源管理及可持续利用、农牧业可持续发展等相关项目（MGAP，2018）。

乌拉圭住房、国土管理和环境部（MVOTMA）负责生物多样性保护、规划和管理工作（MVOTMA，2018）。下属国土管理局负责国土管理工作，对草原进行规划与管理。乌拉圭工业、能源和矿业部主要职责就是针对矿产部门、工业部门、能源部门、远程通信部门以及微小中型企业制定政策并加以实施。下属的地质矿业局负责勘探开发草原的地质及矿产资源，并制定合理利用计划保护草原。此外，下设的环境保护院针对草原保护进行研究（MIEM，2018）。

多部门合作、分类管理的工作机制，使乌拉圭草原保护工作具有"跨领域、全方位、立体化"的特性，各部门各司其职，从国家层面共同杜绝各类草原退化的诱因，为草原保护和治理工作提供坚实保障。

2. 草原保护管理机制

建立国家保护区是乌拉圭草原生态保护的主要方法，并以此作为协调环境与国家经济和社会发展之间关系的重要工具，便于开展休闲、旅游、研究和开发，以及开展相关生产活动。草原保护重点领域包括因土地利用导致面积持续锐减的草原、各类草原中的生物群落，以及具备中高生产力的天然牧场（廖望等，2021）。

乌拉圭国家保护区建设的核心理念是"在保护中生产，在生产中保护"。其保护区建立目标已由先前的"守卫纯净的区域免受外界污染"，转变为"对一片区域动态的影响进行监测以确保充分发挥所有有利因素以维持原状"，确保保护区不仅扮演生物多样性保护的角色，还承担向社会提供维持生态系统服务及文化服务的任务。乌拉圭96%的土地是私有土地（Scasso，2019），因此采用多种管理模式促进草原生产和生物多样性保护之间的平衡（廖望等，2021）。一是指定主管部门开展管理。国家保护区的建立和管理工作由乌拉圭住房、国土管理和环境部环保局和乌拉圭国家保护区管理局共同协作开展。其管理资金的 2/3 来自公共预算资金，1/3 来自国际合作资金。二是自然保护区按管理主体划分为 4 大类管理模式，即政府主导管理模式、政府各部门间合作管理模式、政府与私人合作管理模式以及私人管理模式。其中政府与私人合作管理模式是要求私人按照第 18.564 号法律规定与国家合作开展土地和水资源保护、利用及开发，并由政府机构提供相关支持；私人管理模式主要体现为私人土地所有者和土著居民自发的管理。三是积极开展保护项目，加强保护区保护。为此，乌拉圭通过国际合作、政府资助等方式实施多个草原保护相关项目，对乌拉圭草原保护与恢复起到示范和推动作用。四是加大草原生态保护与治理的宣传力度。积极开展草原管理相关宣传活动，针对草原管理工作展开技能培训及研讨，如在生产机构中开展会议交流和技术培训活动。

此外，乌拉圭为了促进草原可持续保护利用，大力推行整体放牧规划（holistic planned grazing，HPG），旨在解决牲畜管理者生产与环境保护之间的冲突，并确保牧场持续更新和畜牧业健康发展，最终实现确保草原保护和永续利用、减缓和扭转草原退化等目标。HPG 的原则包括：①每个牧场的载畜量尽可能保持最低，使牧场植被有足够的恢复时间。②在放牧期前对按照"轮牧制"植被恢复期做出规划，并且保证整体规划以恢复期为轮换标准。③将放牧密度调整到最大，将放牧期控制到最短。④根据可用草料数量评估一段时间内的基础载畜率，避免过牧。⑤根据时间来规划应对干旱时期储备的草料。⑥制定牧草生长期规划，保证牲畜全年有足够的食物，不会因无限制放牧而破坏牧场。

（四）草原保护面临的主要问题

乌拉圭草原具有得天独厚的地理和气候优势，非常适合牧草生长，为草原保护性利用提供了资源基础，同时通过建立高价值草场保护区，开展牧草、作物轮作生产，创造了极大的草原保护与利用潜力。然而，要达到"既保护天然牧草，又产出畜牧产品"的双赢目标，乌拉圭还需要克服草原管理面临的挑战。

一是生产与环境的协调问题。这是乌拉圭开展草原保护面临的最大困难。乌拉圭希望采取新一代技术来解决这一问题，然而目前虽然已经有很多前沿技术能协调好生产与环境的关系，但未被广泛运用，具体原因在于新技术的采用，将使大多数个体经营者成本增加，收入降低，承担的风险升高。同时，政府未能对新技术的开发利用提供资金支持及扶持政策，新技术得不到广泛的利用，无法提高草原利用的成效，同时无法保证畜牧业的高竞争力和可持续发展。成本过高将使得草原被完全转变为农田等其他用途而栽种别的作物，从而无法开展有效保护。

二是绝大多数掌握着国家自然资源的畜牧业生产商仍未意识到草原的全部价

值。事实上，随着天然牧草所带来的生态价值日趋明显（如提供纯净的水资源等），乌拉圭政府已开始采取相应的公共政策。然而，在草原利用第一线的畜牧业生产商仍沿用以往的生产方式利用草原，对草原提供的生态、环境价值未加重视，导致在生产实践中的保护力度不够，达不到政府期望的保护效果。

三是未能处理好乌拉圭林草之争及农业与草原发展的竞争等问题。在草原保护中，尤其是自然保护区和国家公园内，由于保护措施实施不力，加之对造林、农业开发、矿业开发等的需求增加，导致草原面临被改变用途的威胁。例如，2004—2018年在秃鹫峡谷自然景观带内的保护区以及毗邻地区土地开展了大规模造林，导致天然草原被破坏。此外，在罗洽湖自然景观内，由于农业需求提升以及保护不善，随之而来的农业开发给天然草原保护带来了极大压力。

四是气候变化对草原保护构成了较大威胁。目前，由于气候变化的原因，草原生态系统变得愈发脆弱，一些干旱地区的草原濒临荒漠化。近年来，尤其是2018年，南美遭受了较严重的旱灾，这对草原的恢复和保护带来了不利影响，更使草原面临转为农田的威胁。

第五章
亚洲

一、蒙古国

（一）草原资源概况

蒙古国（以下简称蒙古）是位于中国和俄罗斯之间的一个内陆国家，国土面积 156.65 万 km^2，是仅次于哈萨克斯坦的世界第二大内陆国家。蒙古整体呈现西高东低的地势走向，冬季漫长而寒冷，夏季短促而炎热，年均降水量 120~250 mm。根据海拔、气温、降水的不同，蒙古植被带由北向南依次为森林、草甸草地、典型草地、荒漠草地（王卷乐等，2018）。

蒙古拥有全球仅存的完整草原，草原面积 1.23 亿 hm^2，约为国土面积的80%，占全球草原面积的 2.5%（White et al.，2000）。蒙古草原生态系统是世界上生物多样性最丰富的草原生态系统之一，也是世界上最重要的草原之一。有学者将蒙古草原分为六大类，即高寒高山草原、草甸、高山草原、干旱草原、荒漠化草原和荒漠草原（Tuvshintogtokh，2014）。同时，蒙古是世界上仍然保留草原畜牧业且作为支柱产业的少数国家之一，目前有 7000 万头牲畜，为 29% 的劳动力提供生计，总产值占国内生产总值（GDP）的 15%（王成艳，2019；Nandintsetseg et al.，2021）。随着蒙古进入市场经济，虽然草场仍全部由国家所有，但放牧活动则由牧民自行开展，牲畜也由牧民所有。

自 20 世纪以来，伴随着经济发展和市场化需求提升，蒙古人口定居化程度提高，人口密度日益增加。在经济、人口增长的刺激下，畜牧业快速发展，不但牲畜数量激增，过牧现象严重，70% 的草原都存在过牧（Ykhanbai et al.，2004），牲畜数量远超承载量，而且畜牧业越来越靠近市场和羊毛加工区，游牧传统也越来越让位于固定地区饲养。同时，蒙古面临气候变化严重影响，年均气温在1940—2001 年增长了 1.7 ℃，极端气候事件（如冬季极端寒冷）发生更加频繁。在气候、经济和社会等各类因素叠加下，蒙古草、牧场长期超强度利用，草原结构和生物多样性迅速变化，草场退化明显（Sainnemekh et al.，2022；Tuvshintog-tokh，2014；Addison et al.，2012）。而草场退化进一步威胁草原物种及其栖息地，导致草地生产力和生物多样性损失不可逆转，草原戈壁化现象非常严重。与1970 年的数据相比，截至 2003 年，已经有 683 条河流、1484 眼泉水和 760 个湖泊干涸，尤其是最近几年来土地沙化速度显著加大。蒙古 76.8%的国土处于不同程度的退化状态，约有 57%的草场受到不同程度的荒漠化威胁，其中 12%的草场严重退化，面临无法修复的困境，另有 16%的草场需要长达 10 年以上的努力才能得以修复，这已严重影响到牧民的生计和粮食安全（NCCDM，2018；Nandint-setseg et al.，2021）。

（二）草原政策法规

草原是畜牧业赖以生存和发展的资源基础，为了应对草原退化和荒漠化相关问题，蒙古政府出台了一系列政策法规，与国际社会合作，极力遏制草原荒漠化，减少因气候变化及人为因素共同导致的沙尘暴。

1. 草原法规

21 世纪以来，保护草原生态和提升牧场管理是蒙古政府非常重视的工作。在《联合国荒漠化防治公约》框架下，加强了草原荒漠化治理。蒙古于 1996 年加入《联合国防治荒漠化公约》，制定了《蒙古防治荒漠化国家行动计划》，并于2003 年和 2010 年进行了两次更新（Tsogtbaatar et al.，2013），为蒙古遏制土地退化、应对干旱和荒漠化提供了政策框架。

基于《蒙古防治荒漠化国家行动计划》，蒙古通过了多项有关生态系统管理的法律及其修订案，致力于草原等退化土地的恢复。在这期间，蒙古出台了一系列草原相关的法律，主要涉及土地、环境和保护区建设三类（MEGD，2013）：

（1）土地相关法律　包括《土地法》《保护区法》等。其中，《土地法》于 1994年出台，要求加强草场的管理和监测，并对牧场租赁等方面进行了规范。2003年修订的《土地法》，对冬春季草场使用权（租用）证书、地方政府在管理季节性放牧和调节牲畜存栏数量中的职责等方面进行了规范，同时要求每 5 年开展一次草原评估和认证，以了解土地特征变化，特别是土地退化情况，为土地利用规划提供支撑（Fernandez-Gimenez，2006）。该法与《土地费法》《缓冲区法》和《环境影响评估法》等，构建了牧场管理框架，强调牧场资源的保护性利用，加强了草原退化土地治理法制建设。2012 年 5 月蒙古批准的《土壤保护和荒漠化防治法》致力于退化土地特别是草地的改善，进一步强化了国家自然保护区计划，为规范土壤保护与修复确立了法律框架，明确了防止草原荒漠化的有关措施，确立了土壤保护的问责制和评估标准及方法。

（2）环境保护相关法律　主要针对水、空气、野生动物和天然植物等自然资源而制定的法律。其中，《自然环境保护法》(1995) 对于草原等土地承载力进行了规定，并授权国家行政机构按照生态要求和承载力，限制土地自然资源开发的权力，对于因超出自然环境承受能力而对环境带来负面影响的单位和个人，要及时进行生态修复，承担所有费用(王成艳，2019)。蒙古高度重视与草原自然灾害相关的法律，其中《森林和草原火灾防治法》是一部非常重要的法律。此外，2012年出台的新《森林法》也规定了草原火灾的防治。

（3）草原保护区相关法律　蒙古在 1992 年提出要将国土面积的 30% 保护起来 (Reading et al.，2015)，保护区建设成为实现这一目标的重要手段。1994 年通过了《特别保护地法》，将保护地分为严格保护地、国家保护公园、自然保护区和保护遗址四大类。其中，严格保护地主要包括具有原生态、高保护价值和限制利用的草原，国家保护公园是保护具有科学、生态、教育、历史和文化重要性的地区，自然保护区以保护具有生态、生物、古生物和地质特色的地区为主。在此之后，蒙古陆续通过《缓冲区法》(1997)、《国家保护地计划法》(1998) 等，以建立保护地管理体系框架，限制保护地周边地区开发，以维持保护区的生态完整性。

同时，制定了自然资源使用费相关法律，以应对市场经济的需求。其中，《狩猎法》《狩猎保护区使用费法》《狩猎采集许可法》对草原上动植物自然资源的保护利用非常重要。

2. 草原政策

蒙古政府认识到，保护草原对于国家未来发展、国民生活幸福至关重要。早 21 世纪初，蒙古就做出承诺，到 2030 年将 30% 的国土面积置于保护之下，其中东部地区面积最大、最完整的温带草原是重点保护地区。

为了有效执行草原相关的法律法规，蒙古出台了一系列政策，以减少草原破坏，实现土地退化零增长目标。2016 年，蒙古议会通过了《蒙古可持续发展愿景》。其中与环境相关的长期目标包括：①保持森林面积达到总面积的 9%；②扩大特殊保护区，使其达到总面积的 30%；③保护 60% 的上游水源；④在可耕地上引入免耕土壤处理技术；⑤改善耕地的水供应，将灌溉面积增加至 12 万 hm^2；⑥根据牧场的承载能力管理牲畜数量；⑦保持动物类型和畜群组成的适当比例；⑧支持绿色发展，提高牧民和农业工人的生活水平。2018 年，蒙古制定了到 2030 年实现土地退化零增长的愿景。其中，促进草地可持续管理以阻止草地进一步退化成为四大目标之一。

同时，蒙古从不同方面阻止和扭转牧场退化问题。为了减少过度放牧，蒙古政府实施国家牲畜计划，指定政策研究中心负责实施。该计划通过限制牲畜数量，减少草原实际承载力，从而实现草原恢复的目标。实施国家参与战略，通过定期召开"可持续牧场管理示范区"会议，促进各利益方开展可持续牧场管理实践，参与草原的保护利用，共同推行可持续牧场管理，从而实现减少过度放牧的目标。与社会组织合作推出可持续牧场激励机制，包括通过可持续牲畜发展项目推动地方政府承诺开展可持续牧场管理、召开面对面的能力建设活动提升牧民对可持续牧场管理的意识、与牧民签署减少牧场利用和牲畜数量的协议、建立牲畜风险管理基金为提高牲畜销售量提供资金支持、开展牲畜采购系统试点帮助组织开展牲畜销售、委托区中心开展牲畜质量检查和认证等。2021 年制定了保护地发展战略，明确保护发展的目标、战略和目的，提出保护行动计划、监测计划和实施计划，加强草原在内的各类保护地长期稳定的发展。

（三）草原管理机制与措施

1. 管理机构

蒙古草原由多个部门共同管理。食品、农业和轻工业部负责管理牧场及其生产经营，其中牧场承载力数据管理和规范得到国家紧急事务管理局、国家农业气象局等机构的支持。环境和旅游部主要负责草原生态保护和修复等相关工作，其中草原评估和认证、牧场面积及边界等信息探测以及禁牧和鼠害防治等信息的更新保存则由土地事务、建筑、地测和制图局负责。而草原相关的保护地网络则由 1993 年成立的国家公园局负责管理。

食品、农业和轻工业部主要职责是制定草原相关政策及管理规范、办法等，提供政策和技术指导支持，确保资金保障，从而协调促进牧场可持续发展和生产，提高牧民生活水平和生产条件。而环境和旅游部的主要任务是通过制定保护政策及战略、建立保护区等手段，提高草原气候的变化适应能力，降低草原生态脆弱性，改善生态系统，同时通过合理利用和修复自然资源，加强草原荒漠化防治，促进草原绿色、可持续发展。

2. 草原保护利用管理措施

（1）草场共同管理制度　在 1990 年之前，蒙古建立了集体社管理模式，即草场和牲畜都属于国家，由加入集体社的牧民进行专业化管理，国家支付工资，同时允许牧民拥有自己的牲畜，但仅限于满足家庭食用需求（Fernandez-Gimenez，2006）。1990 年蒙古政治体制发生变化，原来的集体草场管理体系瓦解。根据《自然环境保护法》（1995）等政策法规，依托国际援助合作，蒙古积极推行草场共同管理制度。

草场共同管理制度本质上是行动导向型的参与式管理制度，是以社区为单位组织牧户组成草场共同管理组织，管理自己居住区草场的制度（Ykhanbai et al.，2004）。由于草场权属均为国有，共管组织需要针对季节性草牧场与地方政府签订共同管理合同并得到当地环境部门的批准，此外草场位置要在地图上做出标志。年满 18 岁的当地居民和蒙古国公民可以合伙成立共管组织，参与草原共同管理，且依据合同对管理区的草原资源享有优先合法合理利用权，开展草原资源利用活动。每个共管组织平均 3~32 家牧户组成，共同制定共管协议，明确各方的职责、管理区内可用的草原和牧场资源、区域边界、管理方法和形式、草场资源利用状况的监测方案等。共管组织通过成员牧户实物捐助和政府或相关国际组织经费支持，建立社区循环基金，为业务开支及扶持合伙成员开展草场利用保护提供经费，用于保护草原和牧场资源等活动。

为了促进牧民社区在牧场治理中发挥更大的作用，蒙古引入了"牧场使用协议"，即共管组织与当地政府签署协议，通常为期 15 年。基于协议，地方政府鼓励共管组织制定放牧管理计划的方式，促进开展牧场可持续管理，改善牧民生计，并提供相关的技术支持。近年来，地方政府支持共管组织探索自愿放牧费政策，鼓励共管组织与加工企业对接，建立牲畜产品可追溯体系以拓展国际市场。截至 2018 年，蒙古 11 个目标地区的 830 个牧场用户组（PUG）签订了该协议，共涉及 1.5 万个牧民家庭和 1600 万 hm² 牧场（Densambuu et al.，2018）。

草场共管机制通过下放草原保护利用权，明确社区在共同管理中应享有的权利和承担的义务，实现了草场国有、全民利用的政策目标。这促使牧民相互之间开展监督，约束彼此放牧行为，监督草原利用情况，很大程度上改变了过去草原破坏的畜牧业生产活动，促进了草原环境保护的意识和行动。

（2）草原及牧场长期监测　蒙古努力加强草原监测工作。自 20 世纪 70 年代开始，就以国家气象局管理的全国气象站网络为基础，长期开展牧场监测，特别是在苏木①一级牧场物候的监测。该网络包括约 1550 个站点，每年收集土壤和植被质量数据，在 2001 年以后每年都会对牧场的承载能力进行估算，并在 2002 年以后开展蚱蜢和鼠害监测工作（MEGD，2013）。在植被监测方面，土地事务、建筑、地测和制图局利用已设立的监测点进行年度植被采样工作，并且每年更新牧场边界信息的记录。牧场运行监测工作则由苏木牲畜管理部门负责，一般而言由 3 个官员组成，分别负责推广、监测、协调、兽医服务和技术服务等工作。

2011 年，蒙古基于瑞士发展与合作署与蒙古政府部门和科研机构开展的为期 5 年的合作项目，正式启动国家牧场监测计划，由国家气象和环境监测局负责实施。国家牧场监测计划制定了标准化的方法，为评估牧场长期变化趋势提供可靠的科学支撑。该计划通过与技术部门和科研机构的合作，实现对监测点的长期追踪、汇总上报和结果解读，为蒙古可持续牧场管理开发适合的评估、监测和管理规程，追踪蒙古各地区牧场的健康状况，为改善牧场管理提供基础数据。目

---

① 在蒙古国，苏木是省下一级的行政区划单位，相当于我国的地区行政公署。

前，该计划在全国 1516 个监测点收集数据，已分别于 2011 年和 2016 年进行了 2 次全国范围内的牧场健康状况评估（Densambuu et al.，2018）。

（3）草原保护和修复　为了保护草原，实现联合国可持续发展目标和蒙古可持续发展愿景，蒙古政府基于一系列环境相关法律法规，规划和实施了多个相关工程和项目。

蒙古自 2005 年起启动实施"绿墙"计划（Tserendash，2006），开展大规模造林和植被恢复，旨在缓解荒漠化和保护草原牧场。为实现目标，蒙古在草地逐渐退化的地区开展多年生牧草播种，恢复传统的季节性轮牧制度；支持研究开发适合游牧牧场传统利用方式的适应性森林-牧场系统，在草原和森林草原地区发展林牧体系；将草原规划纳入区域土地利用规划，建立可持续牧场利用机制。

在此基础上，蒙古在 2021 年提出全面启动种植"十亿棵树"计划，提出到 2030 年将森林覆盖率提高至 9%，受荒漠化严重影响的草原等土地面积缩减 4%，恢复草原等土地面积约 1.29 亿 hm^2，实现减缓气候变化影响、保持并增加森林和水资源、保障蒙古国的生态系统平衡等目标。计划与草原相关的主体任务是制定并实施国家应对气候变化和荒漠化综合发展战略、建设农林牧复合经营农场等。

根据 1992 年提出"2030 年保护 30% 的国土面积"政策目标，大力推行国家保护地建设，共建立 116 个保护地，并且为了确保保护地管理和建设，蒙古要求所有保护地制定发展管理规划。2019 年，蒙古批准新建 22 个国家保护地，面积 340 万 hm^2，这意味着蒙古已将 20% 的国土面积保护起来。同时，蒙古借鉴国际经验，制定并定期修订《保护地规划指南》，规范指导保护地建设。2021 年版指南基于过去 10 年保护地管理经验，全面引入保护标准体系，针对气候变化、人类福祉、参与式方法和实施机制提出了具体建议。

（四）草原管理面临的问题与挑战

蒙古长期以来将草原视为重要的生产资源，而非生态资源。虽然草原约占国土面积的 80%，但在保护地网络中，草原相关保护地面积只占 9%（Reading et al.，2015）。这表明草原保护管理面临极大的挑战。

1. 缺乏科学管理导致牧场退化

放牧是蒙古草场特别是高原草场的主要利用方式之一，放牧管理合理与否，直接影响蒙古草场生态系统的结构和功能。在 1990 年从中央计划经济向市场经济过渡后，此前以产量为中心任务的国家集体制度生产回归以家庭为基础、以生计为导向的混合型畜牧业模式，为蒙古人大量进入畜牧业提供了动力，牲畜数量急剧上升。由于没有限制牲畜数量增长的政策，牧场退化问题愈发严重。而经济手段(对羊毛生产者和羊绒生产者的补贴等)进一步加剧了草原的生产压力。牲畜私有化和一家一户的小规模经营,使得移场放牧的频率大大减少。加之人们在移场放牧中更多地依赖汽车等机械化交通工具,这样很难利用那些地势险峻的高山放牧场。移场放牧频率和距离的下降,使更多牧户常年集中在水热条件较好的平原放牧场或公路两边或城镇周边放牧,导致局部草场过度利用。

2. 牧场过牧严重影响草场健康及其恢复

超载过牧已成为蒙古草原面临的主要问题,20%的草场放牧牲畜数量超过承载量的2~5倍。1980—2000年每百公顷草场牲畜数量为40个羊单位(World Bank,2008),但2000—2015年增加到60~70个羊单位,牲畜数量已超过牧场的承载能力。东部和中部地区的达尔汗、鄂尔浑、中央和后杭爱省以及乌兰巴托市周边地区牲畜增速显著,每单位牧场面积的牲畜数量年均增加50~70个羊单位。同时,蒙古畜牧业发展地区越来越集中,游牧制度逐渐崩溃,牲畜过度践踏严重影响牧草的生长和恢复,草原植被得不到足够时间恢复,加之蒙古草原植被尤其是戈壁、荒漠地带草原植被本身十分脆弱,生长期的牧草根系尤为脆弱,导致草场退化加剧,牧场健康状况不佳,主要表现为耐放牧植物物种增加,而有价值的饲料植物减少。

3. 气候变化为草场退化治理带来巨大挑战

蒙古尤其容易受到气候变化的影响,其变暖速度是全球平均水平的2倍多。持续的气候变化增加了干旱、暴风雪等自然灾害发生的范围和频率。在过去80年间,蒙古气温上升了2.25℃,远高于全球平均气温上升速度,年降水量却减少7%~8%,特别是春夏等暖季降水量减少幅度十分严重。过去30年北部山区年平均积雪深度下降,融雪时间提前了1个月左右,未来积雪区将减少(MEGD,2014)。这些原因导致了沙尘暴的肆虐。1960—2006年,沙尘暴天数增加了3倍多。在气候变化条件下,草原干旱加剧,生物质产量下降,牧草虫害发生率增加。为了适应不断变化的自然环境,很多牧民正在调整其放牧方式,包括改变季节性移场模式或增加移场频率,以寻找更适宜的牧场。这些非传统的放牧活动没有纳入监管范围,加剧了草原退化的风险(Neve et al.,2017)。

二、尼泊尔

(一)草原资源概况

尼泊尔是南亚内陆山国,位于喜马拉雅山脉南麓,具有生态多样性。草原是尼泊尔最重要的自然资源,据估计,尼泊尔草原面积约176.62万 hm²,占国土面积的12%(Government of Nepal,2014)。约96%的草原分布在山区,主要是喜马拉雅山脉，且海拔越高，草原面积越广，其中17%位于山脉腰部地区。另约有4%是位于特莱平原仅存的亚热带天然草原，主要分布在6个国家公园和野生动物保护区内，可划分为冲积平原草原和退耕草原（Peet et al.，1999；Thapa et al.，2021；Richard et al.，1999）（表5-1）。

表5-1　尼泊尔草原主要分布区及面积

地理分布区	面积 （万 hm²）	相对草原总面积 占比（%）	相对国土面积 占比（%）	气候带
特莱平原	4.97	2.9	0.3	热带
西瓦利克山脉	2.06	1.2	0.1	亚热带
山腰区	29.28	17.2	2.0	温带
高山区	50.71	29.8	3.4	温带
喜马拉雅高山区	83.15	38.9	5.6	温带
总计	170.17	100.0	11.4	

尼泊尔拥有超过8000m的巨大海拔高差和近乎完整的气候垂直带和植被垂直带，因此拥有多种草原生态系统，其生物多样性非常丰富，在草原中已发现180多种禾草和豆科植物。尼泊尔将草原划分为6个类型（Government of Nepal，2014），包括：

（1）热带草原（海拔不足1000m）　以卡开芦、甜根子草和白茅等高草为主，与森林交织分布。

（2）亚热带草原（海拔1000~2000m）　以松柏林为主。这一地区放牧程度较高，受到了紫茎泽兰、欧洲蕨、圆果苎麻和北艾的入侵。

（3）温带草原（海拔2000~3000m）　是重要的牧场，经过多年的放牧，须芒草属已被西南野古草等牧草替代。常见的牧草种类有西南野古草、早熟禾、鸭茅、羊茅、聚伞菊属等。

（4）亚高山草原（海拔3000~4000m）　分布着多种灌木。常见的植物包括柠条、沙棘、杜松、忍冬、委陵菜、罗莎、绣线菊和杜鹃。常见的天然草种包括披碱草、羊茅、针茅、喜马拉雅雀麦等。

（5）高山草原（海拔4000~5000m）　主要的植被类型为嵩草、喜峰芹、藨草、剪股颖、早熟禾等。

（6）草地（Steppe）　位于喜马拉雅地区的多尔帕和木斯塘。由于过度放牧，生产率非常低。

其中，2500m以上的高山、亚高山和温带草原是重要的放牧地，同时提供了65%的草料（Pande，2009）。

（二）草原管理政策法规

1. 草原法规

尼泊尔没有专门针对草原的立法。草原相关的法律规定散落在牧场管理、生物多样性保护、森林保护、土地利用等相关法律中。

尼泊尔政府自 20 世纪 70 年代初就开始强调生物多样性保护（Government of Nepal，2022），通过一系列法案，确定了保护方式。1973 年出台《国家公园和野生动物保护法案》和《CITES 法案》，确定了创建国家公园和保护区的保护方式，并明确保护地应采取物种保护的保护方式。之后，尼泊尔政府采取了灵活的方式，针对保护地工作出现的问题，通过出台部门行政令的方式，予以解决。20世纪 90 年代出台一系列部门法案，明确生物多样性保护将采用基于生态系统的参与式保护方式，并开始在国家公园和保护区周边创建缓冲区。进入 21 世纪，尼泊尔政府开始采用景观保护方法，在亚热带草原所在区特莱（Terai）成立了第一个景观保护区，强调综合系统保护模式的构建。

在草原可持续利用方面，尼泊尔出台了《牧场土地国有化法》（1974 年），要求所有牧场土地的所有权应归于政府，设立土地收入办公室，对收归国有的牧场单独管理。地方村发展委员会必须保护牧场土地，保证牧场土地不得他用，并且允许委员会收取放牧费自用。政府根据现行法律对种植水果、饲养动物、生产干草、生产茶叶的土地可以豁免。

近年来，草原等自然资源利用和保护发生了极大变化，尼泊尔 2019 年修订了《国家土地政策》《森林法》《土地利用法》等，强调草原的可持续利用管理，提出综合、参与式和包容的牧场管理方式，以保护正经历严重退化的草原。其中，《森林法》虽然废除了对畜牧业的管理条款，但将天然草地划为林地，同时鼓励包括牲畜等草原产品的混农林可持续发展。

2. 草原管理相关政策

尼泊尔与草原管理直接相关的政策是 2012 年出台的《草场政策》，作为草原资源经营、利用和保护的基本政策。该政策文件从经济和生态两个方面确定了草场可持续管理和利用目标，强调通过科学和可持续的方式保护、促进和利用草场，在提高生产力、促进畜牧业发展的同时，保护生物多样性，促进草原生态系统和畜牧业的平衡发展。确定了参与式草场管理和保护方式，强调地方社区通过科学放牧管理、发展草场基础设施，参与公共草场利用，通过天然和人工的方式改良草场，促进草场资源恢复利用。提出了 8 个工作领域，包括：①建立草场利用者网络，鼓励牧民发声；②各村应根据牲畜数量和饲料需求来改善牧场和林地管理；③实施更为严格的舍饲畜牧；④改善荒地用以牧草生产；⑤配备足够的兽医服务和动物卫生工作者；⑥充分开展草原管理和放牧的培训和推广活动；⑦研究确定潜在的放牧地；⑧在全国范围内启动国家土地改良计划。

同时，生物多样性保护、农业、气候、林业等相关政策也涉及草原。《生物多样性保护战略》(2014)指出草原、牧场面临的生物多样性威胁，针对草原保护提出以下规划：①开发实施保护区草原可持续管理指南；②到2020年至少为5个草原地区制定栖息地管理计划。针对草场生物多样性保护，则从三大领域提出具体规划，包括：通过开展草场资源评估以及生物多样性研究等活动，提高草场生态和生物多样性的认识；通过促进实施草场政策、制定实施草场动植物保护计划、推进保护区外草场管理、恢复过牧草场、采取草场资源综合管理方式、监测草场生物多样性和牧场承载量、制定实施放牧管理计划等途径，加强草场生物多样性保护；通过开发应用相关技术以提高草场生产力，鉴别应用具有较高经济价值的草种以提高饲草生产力，加强草场资源管理创新和知识分享，通过草场资源可持续利用改善地方生计。

尼泊尔草原，尤其是高山草原在气候变化的影响下，退化风险越来越高(Straffelini et al.，2024)。《尼泊尔保护地管理战略（2022—2030）》提出要维护和扩大草原、牧场等野生动物栖息地，建立生物廊道，创建人与野生动物共处环境。《气候变化政策》(2019)提出提高草原等各类面临气候变化威胁的生态系统韧性，促进低碳、绿色经济发展。对此，明确要在未耕作的草原上推进混农林发展，采取措施保护受气候变化威胁的濒危野生动植物及敏感生态系统，实施基于生态系统的气候变化适应行动以推动生态补偿制度，从而减少气候变化对草原及草原生计的变化。

（三）草原管理制度

1. 管理机构

尼泊尔的草原管理涉及多个机构，管理机制较为复杂。森林与环境部拥有草原的所有权，但并不直接开展经营活动。草原主要由当地社区开发利用，以开发牧场和发展畜牧业为主要利用形式，同时具有重要意义的草原被划为保护区。因此草原管理主要分属农业和畜牧业发展部以及森林和环境部。

农业和畜牧业发展部主要负责草原经营利用活动的管理。该部负责制定国家农业和畜牧业的发展政策，为农牧业企业、农民和牧民制定必要的政策和实施相关计划，提供公共服务，通过促进建立优质、透明和可持续的畜牧业生产体系提高产量和生产效率，并鼓励和保护私营部门商业性投资，促进产业发展和实现经济效益。

划入保护区的草原由森林与环境部负责管理，具体由国家公园和野生动物保护司管辖。国家公园和野生动物保护司通过参与式、可持续、基于科学的方法，开展保护区管理，主要职能是管理野生动物栖息地、开展物种保护、促进相关科研和监测工作、野生动物犯罪执法等，同时负责《生物多样性公约》、CITES 公约、《湿地公约》等的履约工作。为了加强保护工作，特别是草原野生动植物保护，由该司牵头，分别成立了全国虎保护委员会（NTCC）、全国打击野生动物犯罪协调委员会（NWCCCC）、防止野生动物犯罪局（WCCB）等机构，同时与武警、军队等武装力量密切配合，保证执法有力开展（Government of Nepal，2022）。

2. 管理机制

从管理机制而言，尼泊尔还未建立专门的草原管理体系，相关管理机制依附于农业和林业管理（Ghimire，2020）。总体而言，尼泊尔草原管理实现了从中央、邦到地方三级管理，并且强调了地方参与式管理。

从管理体系而言，森林和环境部及农业和畜牧业发展部负责草原相关政策制定，统筹安排草原资源调查和草原资源管理。保护区内的草原及林地中的草场由森林和环境部制定管理政策，而牧场相关政策则由农业和畜牧业发展部制定实施。这两个部门针对其管辖内的草原，指导协调各邦对应机构开展具体的草原保护利用管理。

在联邦层面，林业和农业管理部门承担了草原具体管理工作，主要负责提供技术转化、咨询服务、人员培训等公共服务，以及负责开展草原补贴补助相关的工作。但是，由于各地在资金支持、基础设施建设、农民文化程度等方面的水平不同，因此提供公共服务和草原补贴政策的实施也各不相同，存在着极大差异性。特别是技术研发和推广不持续、不稳定，且从业人员无法保障，无法满足农民的科技需求，也无法真正保证各类政策的有效执行。

在地方层面，草原管理其实是根据参与式森林管理模式而开展的。两类机构参与到草原和牧场管理，包括社区委员会和农民合作组。社区委员会通常由社区所有人共同选举 12 人组成，包括主席、决策人和社区代表，通常负责针对社员共同的关切点作出决定。而农民合作组是具有共同利益或共同资源的农户自发组织的团体，只有对涉及本组织的事宜才有决定权。社区委员会可将决定权下放到农民合作组，而农民合作组也可以向社区委员会寻求帮助，解决不同民事组织之间的矛盾与问题。这种机制有利于解决土地权属相关纠纷，促进草原可持续利用。

（四）草原资源面临的问题与挑战

1. 不可持续管理方式和气候变化导致草原严重退化

尼泊尔草原由于过牧等不可持续的管理方式，退化严重（Straffelini et al.，

2024）。据估算，尼泊尔大多数可到达的草原牲畜放牧量超过了其承载量，平均载畜率是承载率的 3.5 倍，中部地区这一比例高达 37 倍，是世界最高的载畜量（Pande，2009）。近年来气候变化加剧，高山草原面临越来越高的极端气候威胁。极端降雨、干旱等极端气候交替出现，加之过牧等不可持续的管理方式，直接影响草地植被的物种组成和生产力，导致草原的自然恢复力减退，草种数量和结构、土壤理化特征、草原植物多样性、植被组成结构、主要物种丰度、野生动植物栖息地等均发生激烈变化，严重影响草原的饲草生产力，影响畜牧业的可持续发展。

2. 多重管理机制导致政策执行困境

尼泊尔草原涉及多个管理部门，其行政管理职责重叠交叉，导致草原权属不清，部门间时有矛盾和冲突。森林和环境部及农业和畜牧业发展部各自都在出台推行草原发展计划，但由于草原权属不明，一些草原地区拒绝执行其他部门启动的计划，导致草原发展计划或多或少存在无法执行的困难。例如，森林和环境部通过减少牲畜数量加强退化草原的恢复，这往往会受到农业和畜牧业发展部的阻挠。这种多头治理造成的部门冲突极大地阻碍了草原和牧场管理。同时，地方之间的合作与协调也很薄弱，不少地区极少跟其他地区开展牧场管理合作，一些跨区的草原管理面临各种漏洞。政府机构与科研机构、大学和其他机构的合作非常不足，不利于推动草原可持续管理理论和实践的发展。

3. 缺乏科技支撑和服务

尼泊尔地处高海拔地区，由于地势险峻、缺乏水源、交通不便等原因，只有64% 的草原可到达，而在可到达的草原中，只有 74.4% 的草原得到利用，并且可利用的草原由于迁徙放牧、雨雪、牧草生长的季节性等原因并不都能得到充分利用。同时，草原利用长期以来以传统知识和经验为依据，开展粗放式经营。随着尼泊尔经济社会的发展，对草原利用的新需求促使草原利用形式向集约化转变。然而，尼泊尔缺乏草原利用的科学知识和技能，科学放牧和草种改良等方面的科研和推广能力不足，当地社区和牧民对科学经营草原的意识和能力有待提升。草原利用率低且生产力低，不但饲草生产量和质量都比较低，尤其是天然草原，而且草原总产量中大约只有 47.6% 能真正用于畜牧业（Pande，2009）。

第六章

大洋洲

一、澳大利亚

（一）草原概况

草原是澳大利亚重要的自然资源和经济资源，以草场为主。草场面积约 5.76 亿 hm²，占澳大利亚国土面积的 75%，包括热带稀树草原、疏林地、灌木地、牧场、草原等多种生态系统（DAFF，2013）。草场广泛分布于低降水量地区、干旱和半干旱地区以及南回归线以北的一些季节性高降水量地区。与其他国家草原不同的是，澳大利亚草场较少用于耕作农业，主要用于畜牧业发展，牧场面积 4.16 亿 hm²，占草场面积的 72.2%，占国土面积的 54.1%。其中天然牧场面积 3.45 亿 hm²，人工改良牧场面积 0.71 亿 hm²。

按地区和植被划分，澳大利亚草原主要包括以下四种类型：①最北部的热带林地和稀树草原；②中北部平原地区广阔的无树草原；③中纬度地区的沙丘状草地、金合欢属灌木林和灌木丛；④南部的农业区和大澳大利亚湾附近的滨藜和相思树灌木丛（Natural Resource Management Ministerial Council，2010）。按照起源划分，可分为天然草原和人工草地。其中，天然草原包括热带高禾草草原、金合欢属植物区、干燥地带的中禾草草原、温带高草草原、温带矮草草原、亚高山草甸、旱生滨藜中草草原、金合欢属灌木–矮草草原、旱生草丛禾草草地和旱生沙丘状草地等 10 类。人工草地则可分为温带人工草地和热带人工草地等两类（McIvor，2018）。

澳大利亚草场具有丰富的生物多样性，为金合欢树、鬣刺草、澳洲野骆驼、兔耳袋狸等澳大利亚独有的或珍贵的野生动植物提供了栖息地。为了保护这些栖息地，约 16% 的草场被划定为保护区（DAFF，2013）。同时，草场支撑着多元文化和社会结构，衍生了各种商业和经济利益，特别是采掘业、畜牧业和旅游业。

（二）草原管理政策法规

澳大利亚的政体是联邦制，且公有土地约占土地面积的 87%，私有土地仅占 13%，因此大部分土地归各州/地区政府所有，并且各州/地区政府具体负责牧场租赁的管理。

1. 国家法规与政策

鉴于各州政府负责草原保护利用的法规制定，联邦政府更多地是从政策方面加以指导与约束，强调草原可持续发展。

为促进草场等植被保护和可持续管理，澳大利亚联邦政府在 1992 年和 1996 年分别出台了《生态可持续发展国家战略》和《生物多样性国家战略》。在此基础上，1999 年颁布了《环境和生物多样性保护法》，旨在规范环境评估和相关审批程序，保护重要自然和文化遗产的生物多样性。

根据生物多样性保护政策法规框架，联邦政府与州政府、土著居民、产业界、农场社区和环境保护组织合作共同编制《国家草场管理指南和原则》（1999 年），指导社区采取可持续的方式经营牧场和草场。在此基础上，2010 年制定颁布《草场资源可持续管理原则》，强调在草原自然资源管理中应以可持续发展为基本理念。《草场可持续资源管理原则》的出台旨在避免草原战略计划重复制订，为各州提供管理指导。该政策文件要求基于生态系统的方法加强草场管理，提出通过采取预防原则来防止资源退化，避免产生不可逆的损失，因此鼓励协调收集、综合分析、发布草场监测数据，帮助各州及土地所有者开展可持续草场管理。此外，要求在草场管理过程中，应征求草场多利益相关方的意见，还需要考虑到草场使用权的不同以及土地所有者获取和管理自然资源的能力、权利和责任，以及土著居民和土地传统所有者的愿望和其固有的权利。

此外，《澳大利亚自然战略（2019—2030）》《澳大利亚杂草战略》（2007 年）、《澳大利亚乡土植被框架》（2012 年）也与草场管理相关（DCCEEW，2024），强调采取综合创新方法实现加强生物多样性保护、防治入侵物种、保证生态安全、强化乡土植被管理和保护等目标。

2. 州草原保护利用立法与规划

基于联邦政府确定的草场管理原则和方法，各州、领地制定了草场可持续利用和保护相关法规。例如，南澳大利亚州 1989 年颁布了《牧场土地管理和保护法》并进行多次修订。根据法案，成立了一个由 6 名成员组成的牧区委员会，代表土地所有者行使土地保护利用的权力。要求土地租赁者履行土地保护义务，如土地已经或有可能遭受破坏或退化，土地租赁者必须制订管理计划，并经地区自然资源管理委员会咨询后，向牧区委员会提交该管理计划，同时严格执行计划；

牧场租约如需要延期，则需要依据程序通过科学评估后方能批准。

同时，各州及领地自然资源管理部门制定了草原资源保护利用战略或规划。例如，西澳大利亚州草原自然资源协调小组于 2005 年在地方政府、土著土地管理者、自然保护和生物多样性管理人员、私营企业、西澳大利亚州政府和联邦政府、科学界等利益相关方的共同参与和支持下，制定颁布了《西澳大利亚州草场自然资源管理战略》，明确草原自然资源管理的 14 个优先事项及其优先级以及草场管理方式，强调改进能力建设和促进利益相关方参与的重要性，提出采用合作协议的方式确定草场管理目标、管理活动以及合作伙伴的责任，确定了社区管理能力提升、数据信息开发及提供、技术力量提高和监测与评估机制建设四个方面的主体任务（Rangelands NRM Coordinating Group，2005）。

（三）草原管理体制

1. 管理机构

由于农业是澳大利亚草场利用的主要形式，且草原是事关生物多样性保护的重要土地利用，因此草场由不同政府机构分头管理。

在联邦层面，通常由气候变化、能源、环境和水资源部以及农业、渔业和林业部共同协调负责草原资源管理。气候变化、能源、环境和水资源部主要负责气候变化、能源可持续利用、环境和水资源保护和自然遗产保护等工作，在草场管理方面，以环境和生物多样性保护为重点工作，具体职能包括草场相关的政策制定、保护工作推进、环境影响评估等职能（DCCEW，2024）。同时建立草地信息合作系统（ACRIS）开展草原监测，整合来自不同地区和部门的信息。农业、渔业和林业部则是负责与农业相关的草场可持续利用工作，包括土地管护、植被保护、盐渍化防治等。

在地方层面，澳大利亚各州政府依据草原法律的规定设置了具体的管理机构。例如，西澳大利亚州根据《西澳大利亚州土地管理法》（1997 年），指定规划、土地和遗产部以及牧区土地委员会共同负责草原管理（Department of Primary Industries and Regional Development，2018）。其中，规划、土地和遗产部负责管理土地资产的出售、租赁和使用；牧区土地委员会则负责管理牧场土地并提供畜牧业政策建议（Department of Planning，Lands and Heritage，2018）。

2. 管理机制

澳大利亚草场管理责任主要在地方，因此整个管理体系的重点是激励和支持草场所有者和利用者开展可持续管理，强调地方管理机制的确定和技术资金的支持。

其中，覆盖全国的综合系统土地管护体系是最重要的草场治理机制。建立实施土地管护体系是澳大利亚联邦政府长期以来的承诺和政策，即通过自然遗产信托基金，支持加强自然资源管理、生物多样性保护和农业可持续发展。该体系通过鼓励多利益方参与管理方式，推进一系列环境保护和恢复的重要举措，保证草场的科学利用，提高土地生产力，帮助保护当地环境并保障草场相关产业的可持续发展（Christopher，2018），最终实现自然资源高效管理和农村地区可持续发展的目标。该体系分三级实施，包括：①联邦政府，主要负责政策制定、资金提供等支持工作；②区域自然资源管理机构，在州一级设立了 55 个区域自然资源管理机构，与土地管理人员、社区和企业进行协调，共同制定区域自然资源管理规划，并按照规划开展草场等自然资源管理，规划每 5 年修订一次；③社区土地管护小组，即在社区一级鼓励指导成立土地管护小组，并在规划的指导下获得政策、资金和技术支持，开展草场可持续管理和草原生物多样性保护。2014 年，澳大利亚又启动土地管护计划，到 2018 年政府共投入 11 亿澳元（DCCEEW，2024）。

在技术支持方面，于 2002 年建立了澳大利亚草场信息合作体系（ACRIS）。这个体系属于合作伙伴关系，由澳大利亚联邦政府与西澳大利亚州等 5 个州的自然资源管理和生物多样性保护相关管理机构、技术公司和联邦科学和工业研究组织（CSIRO）共同创建，旨在通过收集整合草场变化（环境、社会和经济）监测数据，协助草场管理机构和草场资源管理小组报告所管理草场的变化情况和评估投资效益，同时为科研教育机构和广大地方社区提供数据资源，促进改善草场环境条件。

此外，澳大利亚国家保留地系统及其保留地网络在生物多样性保护和生态系统保育方面也发挥着重要作用。该体系建立了一个由联邦政府、州政府、地方政府、土著居民、私人土地所有者和非政府组织协作共进的合作伙伴关系，通过保留地的规划和建设，减少野火、野草等不利因素对重要生境的威胁，保护珍稀野生动植物及其生境，减少工农业发展导致的野生动植物栖息地破碎化。

（四）草原管理的优势与特点

澳大利亚草原经历了天然利用、过度利用、科学利用三个发展阶段，已经从草原大国发展为草原强国，形成了一套草原资源利用的科学理念并积累了丰富的管理经验。其草原保护利用的优势在于以下 5 个方面：

（1）积极有效的土地退化防治工作　澳大利亚干旱、半干旱土地面积占国土面积的 3/4，加之历史上不合理的土地利用致使植被破坏，土地退化现象严重。为了协调草原经济发展和生态平衡，政府推行土地保育工程，帮助社区开展科学的土地利用活动。在牧场与科研机构间建立草场检测和改良技术等方面的合作关系，确保草场得到科学合理的利用和管护。

（2）**积极应对气候变化**　澳大利亚受到气候变化影响显著，年降水量变化幅度大，区域性、季节性变化明显增加。政府将气候变化作为相关国家和区域政策制定的重要考虑因素，持续追踪气候变化对生态系统和不同利益群体的影响，及时制定和调整合理的适应政策和行动，指导农业和环保部门采取适应性措施，尽量减少对草原生态和农牧业的影响。

（3）**开展生物多样性保护**　澳大利亚是全球生物多样性特别丰富的国家之一，草原生物多样性是国家生物多样性的重要组成部分。在火烧和过度放牧等因素的影响下，草原生物多样性呈现下降趋势。为了遏制生物多样性的减少，澳大利亚设立多种形式的保护地，将12%的草原纳入保护范畴，并且建立了成熟的生物多样性监测体系，全面掌握物种分布和变化趋势（Day，2007）。

（4）**建立火情报告系统**　澳大利亚各地草原每年都会发生大量火情，其程度和频率年际变化很大，给管理火情带来了很大挑战。为了追踪和管控火情，澳大利亚建成了全国火情报告系统，政府根据各地区土地管理目标设定不同的管理措施。例如，在北部地区，减少旱季火灾以降低对草原的损害；在一些半干旱地区，控制火烧频率来促进木本植物的增加。

（5）**重视杂草治理**　有害杂草会使生境和生态系统发生永久性改变，杂草扩张威胁着草原生产力和生物多样性。为了降低杂草对环境和初级产业的影响，澳大利亚联邦政府2007年颁布了《国家杂草战略》，与地方政府制订了杂草治理行动计划和资金支持计划，同时设置专业机构，提倡早期预防措施，推行化学方法和生态控制相结合的综合治理手段，针对杂草控制为草场所有者提供咨询服务。

第七章

非洲

一、坦桑尼亚

（一）草原概况

坦桑尼亚是联合国宣布的世界最不发达国家之一，位于非洲东部、赤道以南，由大陆、桑给巴尔岛及20多个小岛组成，国土面积94.5万km²。坦桑尼亚大陆(未计算桑给巴尔岛)草原面积883.89万hm²，占大陆总面积的10%。其中，有林草原面积471.2万hm²，占国土总面积的5.3%；灌木草原面积43.9万hm²，占0.5%；开阔草原面积309.1hm²，占3.5%；与农田交织的草原59.7万hm²，占0.7%(NBS，2017)。常见的草种有非洲虎尾草(*Chloris gayana*)、珊状臂形草(*Brachiaria brizantha*)、象草(*Pennisetum purpureum*)、非洲狗尾草(*Setaria sphacelata*)等。

境内草原均属热带稀树草原，分布有半干旱稀树草原和高山草甸。其中，很大一部分草原位于国家公园和自然保护区内。坦桑尼亚约有1/3的国土面积为国家公园、野生动物保护区、海洋公园和森林保护区等，共有塞伦盖蒂、恩戈罗等16个国家公园、50个野生动物保护区、1个生态保护区、2个海洋公园和2个海洋保护区。超过半数的国家公园内都存在着草原生态系统。例如，最为著名的塞伦盖蒂国家公园(Serengeti National Park)，"Serengeti"是非洲马塞语，意为"无边的草原"，总面积为14763km²，其中绝大部分为草原，因此国际上也将此区域称为塞伦盖蒂大草原。

相对于草原面积，包含疏林地等其他生态系统的放牧地面积则要大得多，约有6000万hm²，其中60%的草场都用于畜牧业发展，其他40%由于采采蝇灾害未能加以利用(NBS，2017)。得益于广阔的草场面积，坦桑尼亚畜牧业历史悠久。目前，坦桑尼亚利用草原资源生产3530万头牛、2560万头山羊和880头绵羊，在非洲地区仅次于埃塞俄比亚，畜牧业对GDP的贡献率为7.4%(Bashiri et al.，2023）。坦桑尼亚主要靠天然放牧，粗放的游牧、半游牧广泛存在于中部干旱半干旱地区，集中在欣延加、姆万扎、辛吉达、马腊、塔波拉、阿鲁沙、曼亚拉和多多马等 8 个行政地区，现代化牧场较少（姜晔等，2015）。因此，畜牧业生产率很低，产值不足农业总产值的 10%，且畜牧产品及畜力未充分利用，肉类和乳制品的自给仍较困难。

（二）草原管理政策法规

1. 草原法规

坦桑尼亚从利用和保护两个方面出台了草原管理法规。

在草场利用方面，2010 年出台了《放牧地和动物饲料资源法案》，明确了社区参与牧场管理的原则和方法，强调促进公私合作，促进草场资源的公平利用和管理。规范了轮牧制度，特别是载畜量和放牧时间。要求村委员会根据《土地利用规划法》，在公有土地划定战略性牧场并限制其转化为其他用途，并由牧民联合或单独管理和利用。如果采用联合管理形式，要求制定牧场联合利用管理计划（Bashiri et al.，2023）。此外，要求成立国家草场和动物饲料资源咨询委员会，为坦桑尼亚畜牧业和渔业部长提供咨询服务。然而，该法实施不尽如人意。在村庄土地使用计划中，仅有约 128 万 hm^2 土地或 2.1% 的牧场正式受到保护。其余的放牧区依赖于非正式协议。

坦桑尼亚也通过土地利用相关立法保障草场保护工作。出台了《乡村土地法》（1999 年）和《土地利用规划法》（2007），强调牧场开发必须符合土地可持续利用规划和管理实践，保证载畜量不得超过规定的承载量。要求地方政府制定细则，规范土地清理、机械使用、天然产品的采集、基础建设，加强土壤保护，防控土壤侵蚀，从而加强牧场保护、恢复和改善相关管理。同时，2004 年发布了《环境管理法》（EMA）、《野生动物保护法》（2009 年）为草原等环境管理提供了法律和制度框架，要求针对草场可持续管理和利用制定相关指南和管理措施。明确了环境管理、环境影响和风险评估、污染防治、废物管理，环境质量标准、公众参与环境决策和规划等原则（Daffa，2011）。

2. 草原政策

坦桑尼亚针对公共牧场参与式管理等问题出台了相关政策。2022 年，在土地相关法规中正式允许公共牧场向社区开放，即当地社区可以利用公共牧场中的现有资源，开展保护性生产（Bashiri et al.，2023）。而 2006 年出台的国家畜牧业政策，则强调通过畜牧业可持续发展，实现草场可持续利用，解决公共牧场权力下放、无计划火烧、过牧等问题（United Republic of Tanzania，2014）。

针对草原生物多样性保护，坦桑尼亚出台了一系列政策，主要包括 2015 年实施的畜牧业现代化倡议、《2017—2022 年畜牧业总体规划》《草场可持续管理和利用指南》(2014 年)等。这些政策旨在通过促进草场恢复,扭转草场退化和生物多样性丧失的趋势,实现草原面积从 10% 提升到 13%、饲草产量从无提升到 5% 的目标(Selemani,2020)。其中,《草场可持续管理和利用指南》特别强调了草场管理的技术服务、畜牧业预警体系建设等技术支持。

此外,1997 年颁布的《国家环境政策》(NEP)从环境保护和自然资源有效利用方面加强了草原环境保护,确定了要解决的六个主要环境问题,即野生生物栖息地丧失和生物多样性减少、毁林、土地退化、水生系统恶化、缺乏优质水源和环境污染(NBS,2017),强调要减少土壤退化、保护集水区、缓解环境退化,以促进环境可持续保护,保证草场等资源的公平利用(United Republic of Tanzania,2014)。提出采用环境可持续的自然资源管理实践,确保实现长期可持续的经济增长,为此提供了将环境因素纳入决策过程的法律。

(三)草原管理制度

1. 保护管理机构

坦桑尼亚草原资源广泛分布在公共牧场、农耕区、国家公园及自然保护区内,因此主要负责草原保护和可持续利用的部门有自然资源和旅游部、国家公园管理局、畜牧和渔业部、环境部等多个部门。

自然资源和旅游部是负责管理自然资源、文化资源和旅游资源的部门,主要职责是通过制定适当的政策、战略和指导方针,可持续地保护自然资源和文化资源,发展旅游业,促进国家繁荣;制定和执行自然资源保护和旅游业法律法规;监督和评估自然资源保护和旅游业政策和法律等。

成立于 1959 年的国家公园管理局(TANAPA)负责管理全国的国家公园事务,目前共管辖 16 个国家公园,总面积为 57024km^2。其使命是为自然遗产和文化遗产提供可持续保护,创造生态和经济效益,为子孙后代造福。其具体职责:保护国家自然资源、公园设施及游客安全;管理国家公园并促进其发展;生态系统健康监测和管理;旅游资源开发及促进社区参与;在旱季保护草原上的草本植物,保证饲草生产供给。

畜牧业和渔业部在草原管理方面的职责包括促进畜牧业可持续、商业化发展,提高人民生计、就业、国民收入和粮食安全。具体而言,包括支持提升地方政府、私营部门的技术能力,促进可持续畜牧业,加强畜牧业资源的开发、管理和保护。2018 年 10 月新设一个工作组服务私营企业,指导畜牧业相关企业的发展。

2. 草原管理机制

坦桑尼亚建立了一个系统的草原机制,在中央一级涉及 13 个部门,分别针对草原利用、生物多样性保护、保护区工作、环境保护、野生动物保护等方面开展系统管理，其中，环境部是牵头部门，与畜牧业和渔业部共同监管草场管理政策的执行。在具体执行方面，则由畜牧业和渔业部与其他部门合作推进。

在地区层面，设立了草场单位。草场单位是一个承上接下的机构，其主要职责是与土地资源部合作确定划分草场边界，促进草场可持续管理，以提高畜牧业生产力。草场单位对上向地区执行主任下设的地区畜牧业和渔业发展部负责。地区执行主任向地区行政秘书处负责，后者则向总理办公室地区行政和当地政府联合办公室负责，再由该办公室对接畜牧业和渔业部。对下则直接对接乡村和牧场（United Republic of Tanzania，2014）。这种模式实现了从地方到中央的联动、闭环、交互管理。

在乡村一级，则是推行建立公共草场。公共草场的土地所有权由国家所有，但具体管理则由当地村民依据传统方式共同管理（Bashiri et al.，2023）。这种管理模式造成了土地利用冲突和当地社区不愿过多参与草场可持续管理的困境。为了促进村民参与草场可持续管理，坦桑尼亚政府出台政策，要求村民制订村土地利用计划，推行传统土地拥有权证制度，即允许个人所有的草场向政府申请该证，保障其草场使用权。同时，鼓励优先建立乡村牧场保护区，通过村庄土地利用规划确定村庄放牧区，并且组建管理合作社。

对于在保护区的草原，主要是通过建立国家公园开展保护。坦桑尼亚建立了野生动植物保护区网络，由 16 个国家公园、恩戈罗恩戈罗自然保护区、38 个野生动物保护区和 43 个狩猎控制区组成，覆盖面积 23 万 km²，占坦桑尼亚国土面积的 28%。国家公园按照国营企业模式运行，政府不提供任何财政补贴，公园全部收入用于公园事业发展。公园管理者有责任保护公园内的各种野生动植物资源和土地资源，并有责任不断寻求关于资源保护和利用之间的平衡点。为此，政府利用宏观政策指导公园的发展，设立管理机构监督公园开发情况，保证国家公园所得利益能够与当地社区分享。

（四）草原管理的特点

坦桑尼亚草原资源非常丰富，为野生动物提供了肥美的草场和生存空间，在坦桑尼亚草原生态系统中栖息着世界上种类最多、数量最庞大的野生动物群落，其草原资源保护与利用的特点鲜明，主要体现在以下三个方面。

1. 草原生态系统与生物多样性保护相辅相成

坦桑尼亚稀树草原生态系统为各类野生动物提供了适宜的生存空间，为生物多样性保护提供了极为有利的条件。坦桑尼亚保持草原资源持续发展的方法是将草原进行旱季、雨季分区，分片轮流放火烧草，雨季自然恢复草原旺盛生机的轮作式生息养护法。同时，在一些河流上有选择地筑起矮坝，以求在旱季形成一块块小型蓄水区，蓄水区周边自然形成绿色植被，从而为河马等野生动物建造生存的家园。分级蓄水作用很大，有的区域还保护了湿地的生态环境，成为大象、水牛等更多动物在旱季的庇护地，对保护生物多样性具有深远的影响。此外，建立国家公园和自然保护区也是坦桑尼亚保护草原植被和野生动物的重要手段。不仅保护了重要的动物栖息地，同时也使得草原生态系统与生物多样性保护相互促进、协调发展。

2. 草原资源管理机构较为完备但仍面临极大挑战

坦桑尼亚草原资源是多部门、多层级联运管理。在管理机制运行方面，由环境部牵头组织；在政策制定方面，自然资源和旅游部把握主要方针政策；在资源保护方面，国家公园管理局处在"一线"位置，担当具体实施工作；在资源利用与产业发展方面，畜牧和渔业部肩负人民生计的重任。其他中央和地方部门配合具体的草原政策执行和草场可持续管理。为保障地方草原管理，还设置了畜牧业官员负责乡村一级的草场可持续利用指导和管理，促进参与式管理方法的应用推广。同时，还设有国家环境管理委员会（NEMC）、坦桑尼亚灾害管理委员会（TADMAC）等事业单位，对环境影响进行监测与评估，参与环境决策，对自然极端事件及环境灾害进行及时协调和处理。由此可见，坦桑尼亚草原资源的管理与监督机构设置相当全面。但是，这一管理体系也面临人员不足、计划制订不到位等问题。

3. 草原旅游业发展有利有弊

坦桑尼亚热带稀树草原是当地富有特色的旅游资源，由于草原气候的旱季和雨季区分明显，形成了野生动物大迁徙的独特景观，吸引了来自世界各地的旅游者，为坦桑尼亚创造了财富。但草原旅游业快速发展的同时，草原资源退化等问题令人担忧。此外，坦桑尼亚稀树草原还面临着偷猎、传染病和气候变暖三大威胁。例如，塞伦盖蒂国家公园每年因偷猎要失去 20 万只动物，赛卢斯禁猎区在过去 10 年中失去了 90% 的大象。如果再不采取有力的保护措施，草场资源退化、生物多样性丧失将导致更加严重的生态问题。

二、南非

（一）草原资源概况

草原是南非第二大生态系统，以稀树草原为主要类型，面积大约 34 万 km²，约占南非国土地面积的 1/3（Slooten et al.，2023；South Africa Government，2024）。南非草原从东部沿海地区一直延伸到内陆地区，主要分布在高海拔地区。

德拉肯斯伯格草原是最重要的草原，生长有 3370 种植物物种，覆盖 42 处河流生态系统，有 5 个国际重要湿地、3 个世界自然遗产和无数个国家级和省级公园，其中最负盛名的草原自然保护地是金门高地国家公园（Lechmere-Oertel，2014）。该公园地处自由邦省，也是沿德拉肯斯伯格山脉众多公园之一。

草原地区的气候和地理条件差异极大。东部地区的降水量高，每年降水量 700~2000mm，逐渐向西减少，到西部地区只有 500mm。而且，降水主要集中在夏季，只有部分沿海亚热带草原除外。根据气候、海拔、地形等因素，南非草原可分为高原干草原、高原湿草原、高地草原、峭壁草原和沿海草原五个类型（Helzer，2018）。不同地区的草原维持机制也各不相同。沿海亚热带草原利用火烧得以维持，且容易被外来入侵林木物种侵占，而高原地区的温带草原则更多依赖气候得以维系，即使火烧也发挥着重要作用。

南非草原演变历史悠久，生物多样性丰富，且以本土物种为主。在湿草原，大部分草本植物是具有野火适应性的多年生物种，地下组织更大。在半干旱草原，以一年生植物物种为主。草本植物多为热带和亚热带物种，与北美草原的部分草本植被是同一个亚科。在海拔 2500m 以上的高地和德拉肯斯伯格山峰，羊茅属等温带草本植被更为常见。草原上野生动物物种丰富，生长着大量蛙类、鸟类、两栖动物和脊椎动物，大部分是濒危物种。在中部高原草原和沿海草原，可以看到大量大型野生动物，但由于畜牧业发展，这些野生动物只能在人工繁殖农场和自然保护区内才能看到（Helzer，2018）。

草原地区包含人口最稠密、经济最发达、工业程度最高的 Witwatersrand 区（即约翰内斯堡及其周边地区）。因此，草原面临农业发展、人工林营造、矿产业等产业发展、城市扩张等带来的土地利用压力，大约 60% 的草原生态区被不可逆转地转变为其他土地用途。同时，外来入侵物种也造成了极大威胁。南非已有 34% 的草原不可逆转地被改为他用；64% 用于放牧，但仍有可能被转变为农业用地，破碎化风险极高；只有 2% 处于保护状态（Slooten et al.，2023；Carbutt et al.，2022；Helzer，2018）。在这种情况下，草原相比森林等生态系统保护不足，急需开展恢复。

（二）草原管理政策法规

1. 草原管理法规

南非没有针对草原出台专门法律，草原相关的法律法规分散在农业、环境、矿场修复等领域。总体而言，南非政策重生产轻保护。

草原是南非重要的农业生产区，为了促进可持续农业、农业产业链的发展，南非出台了多部法律，涉及草原管理。其中，《农业资源保护法》（1983 年）规定，对草原等天然农业资源进行限制性利用，以保护草原的土壤、水资源和植被。此外，南非颁布了一系列土地相关的法案，涉及草原权属（Bennett，2013）。《土地供给和支持法案》（1993年）规定了特定土地指定及其划分，以及当地民众在这类土地的定居，同时规定了地产并购、维持、规定、开展、改善和处置等要求和程序，以及土地改革资金支持条件和要求。《土地权属重建法》（1994年）则针对因种族歧视导致地方社区失去草原所有权和使用权的情况，对草原权属下放作出了规定。《空间规划和土地利用管理法》（2013年）提出采用空间规划和土地利用管理这个新方法，促使南非草原定居模式发生改变。

草原修复和环境保护近年来受到南非政府的重视。南非草原保护始于矿场修复。随着采矿对环境的危害越来越引起社会关注，南非出台相关法规，在取得矿产开采权之前，必须提交开采后土地修复目标和实现目标的指南。在相关法规的强制规定下，采掘业开展了大规模的草原修复工作，通过土壤、地表植被等修复，减少了草原侵蚀和退化的风险（Carbutt et al.，2022）。近年来，草原修复越来越强调乡土物种的利用。

在草原环境保护方面，则以《国家环境管理法案》（1998年，第107号法）作为防治污染和环境保护的上位法，在制定颁发后根据需要进行修订补充，包括多个环境相关法案。其中《生物多样性法案》（2004年）对生物多样性相关法律进行全面修订，而《保护区法案》（2009年）对国家公园、特别公园和自然遗产地的创立和管理等进行了规定。该法案还规定，企业在从事法案规定的活动之前，应取得环境许可。《国家大草原和森林火灾法案》（1998年）针对发生在大草原、森林和山地的火灾防治进行了规定（South Africa Government，2024）。此外，《环境影响评估法》《有毒物质和有害废弃物管理法案》《清洁空气法案》也跟草原保护相关。

2. 草原管理政策

《国家发展计划——2030愿景》是南非最重要的国家发展计划。在草原发展方面，主要涉及农业和环境两个方面。一方面提出促进公共草原等土地的利用，强调包括草原在内的农业产业化发展，特别是利用无人机等先进技术进行草原状况、病虫害、牲畜疾病等的监测，帮助制定公共草原利用规划。另一方面提出通过转向低碳经济、改变民众定居模式等路径，促进环境可持续发展，提高地方治理水平和空间整合能力，从而促进普惠包容、综合系统的经济可持续发展。

在草原农业方面，《农业和农业加工总体规划》（AAMP）是最重要的政策，最核心的规定是实施农业园发展模式，推进土地改革，确定土地权属。为此，南非授权农业、土地改革和农村发展部购买土地、组织农户迁徙、提供定居支持，并且将土地归还给之前由于种族隔离政策失去土地的土地主。为推进以上政策的实施，2009 年根据《土地供给和支持法案》，开始建立农业土地收储账户，将草原按 50% 给妇女，40% 给青年，10% 给残疾人的比例进行分配，支持制定土地利用规划。基于土地银行创立农业能源基金，为草原产业相关替代能源利用提供补贴等资金支持，特别在肉类加工、冷链等相关产业。补贴标准是农业大户资金支持申请总额最高不超过 8 万美元，其中 30% 是补贴，70% 是贷款；农业中户可申请最高不超过 5.3 万美元，其中 50% 是补贴，50% 是贷款；小农户可申请最高不超过 2.7 万美元，其中 70% 是补贴，30% 是贷款。

在草原生态保护方面，南非重视草原保护，这是由于草原不但是重要的经济资源，支撑了畜牧业发展，同时具有丰富的生物多样性，为更多野生物种提供了栖息地，同时对草原湿地的保护极其重要（South Africa，2024）。《国家生物多样性战略及行动方案（2015—2025 年）》是南非生物多样性保护和可持续利用的框架性文件。南非将生物多样性补偿机制作为一种政策手段，但在实践中并没有进行有效推行。针对草原生物多样性保护，实施了国家草原生物多样性工程，在南非全国生物多样性研究所的牵头下，由政府、私营部门和科研机构共同推行，旨在保护草原生态区的生物多样性及其生态服务（Carbutt et al.，2011）。为了监测草原生物多样性保护，还出台了国家生物多样性评估政策，以支持保护地的扩建，支持履行《生物多样性公约》等国际公约。

随着南非提出低碳经济、循环经济发展目标，草原等农业生产部门成为气候缓解和适应的重要部门。南非出台《国家气候变化法》，规定低碳、绿色农业发展方向和保障措施（South Africa Government，2024）。

（三）草原管理制度

1. 草原管理机构

由于草原具有生态、经济、社会等多重属性，不同部门根据各自职能共同管理草原。

其中，农业、土地改革和农村发展部负责草原生产管理、草原生计发展、改善草原基础设施、支持土地改革、加强草原研发能力，以提高草原产业的产值，主要涉及牧草业、畜牧业等产业管理工作。而 2021 年 4 月重组建立的林业、渔业和环境部则负责南非环境可持续管理，保护修复草原生态区等生态系统。该部的主要职责是制定草原等自然资源可持续利用的政策、战略和工作计划，开展自然资源保护工作，减少自然资源过度使用产生的碳排放，支持全社会向低碳经济和气候韧性社会公平转型。南非国家公园局负责国家公园等保护地的管理和保护，包括在保护草原等自然资源及其景观的同时，积极促进生态旅游的发展，促进地方经济增长和农村发展。其职能主要包括打击盗猎等野生动物犯罪、推进国家公园基础设施建设、加强土地征收以扩大国家公园等。

2. 草原管理机制

长期以来，南非草原作为牧场进行管理，并且围绕公共牧场治理机制框架开展草原管理。

一是推行公共牧场治理机制，并且随着南非政治、社会和经济的发展，不断调整改善公共牧场的治理措施。公共牧场始建于 1931 年，面积占南非土地面积的 13%。公共牧场土地所有权和土地管理决定权均归国有，在政府的直接干预下开展放牧活动(Bennett et al.，2013)。公共牧场本质上属于黑人隔离区，黑人人口占 80%，是种族隔离政策下的产物。由于这种牧场管理模式严重限制了游牧活动和人口流动，很快就带来了过牧问题(Falayi et al.，2022)。为此，南非政府引进了草原恢复和保护项目，一方面加强草原土壤和水资源保护，另一方面减少牲畜数量，实施轮牧。并且将公共牧场进一步分割成小面积牧场，加强土地利用和管理。但是自上而下的管理模式、土地分配过程中的腐败问题等，加之种族隔离政策，公共牧场管理面临困境。为了解决这一问题，公共牧场开始尝试实施共管制度，作为一种包容、民主的草原管理模式，与地方政府、非政府组织、当地社区等多利益方共同管理公共牧场(Vetter，2013)。为此南非考虑推行草原私有化，以期提高草原利用效率，减缓过牧、环境污染等问题。同时，建立草原保护基金，为私有土地所有者提供资金支持，保护受威胁、高度破碎化的草原。

二是建立实施草原保护区制度。南非早在一个多世纪前就开展了草原保护活动，建立了多处草原自然保护区和保育区，极大地保护了草原生态系统及在此栖息的野生动物。特别是过去 10 年，南非越来越认识到草原在生物多样性保护、生态系统服务和气候变化缓解等方面的作用和价值，以生物多样性方法为原则，出台了一系列草原修复相关政策和工程，即利用生态原则和基于自然的解决方案，恢复草原生态系统韧性。例如，南非自由邦省经济、小商业发展、旅游和环境事务部与南非世界野生动物论坛、南非鸟类组织以及 11 位草原所有者共同实施 Sneeuwberg 环境保护项目，旨在保护 120 万 hm² 土地。其中，划为保护小区的草原面积 17456hm²，作为 Seekoeivlei 自然保护区的缓冲区，重点保护其独特景观、物种多样性和重要水资源。参加项目的土地所有者将共同采取行动，保护受威胁的、独特的草原、湿地和相关野生动物，确保生态系统服务永久供给。

三是建设草原技术支持机制。近年来，南非大力推行生物多样性友好型放牧和火烧，以实现生物多样性保护和牲畜饲养率提升双重目标。鉴于草原利用管理主要采用放牧和火烧两种方式，组织科研机构为牧场主提供技术支持(Lechmere-Oertel，2014)。例如，南非生物多样性研究所(Sanbi)针对草原火烧和放牧编撰了最佳实践指南手册，涉及农业和土地用途转变等相关问题，一方面帮助农户更好地采用放牧和火烧技术，加强草原野生动植物保护，维持畜牧业生产。另一方面帮助土地管理人员和技术推广人员更深入理解草原生态学原则，提高放牧和火烧管理能力。

四是推行草原生物多样性保护项目。南非在生物多样性相关战略计划框架下，推行南非草原项目，旨在发展草原生产及相关产业发展的同时，保护草原生态区生物多样性（Egoh et al.，2011）。该项目集产学研为一体，通过政策扶持、技术支持、多利益方参与等方式，将生物多样性保护融入草原相关产业政策，以实现保护草原生态环境、提高草原生态系统服务等目标。为此，该项目高度重视全面系统的保护计划的制订。

（四）草原管理面临的挑战

南非当前草原政策和管理机制正处于转型期。之前，草原管理长期以来受到种族隔离政策的影响，以自上而下的管理为重要特征。目前，南非提出发展低碳、绿色、循环经济，草原管理也从政府单一管理机制逐渐转向民主、包容的管理机制。然而，这一过程面临众多挑战。

1. 草原退化、丧失的趋势面临进一步恶化的风险

草原退化是南非面临的最大问题和挑战。由于现行放牧制度造成的过牧、不当火烧、侵蚀造成的土壤质量退化等原因，南非草原退化严重。此外，经济发展进一步刺激了城市化、采矿业、农业扩张、人工林营建等行业发展，草原丧失和退化进一步加剧（Carbutt et al.，2022）。据估计，南非干旱半干旱地区天然草原有 25% 的面积已经退化（Mudau et al.，2022）。虽然南非已采取措施推进草原修复，但是草原仍以生产为主，保护措施以维持生产为目标，各类草原栖息地保护措施的实施不足以恢复生物群落，修复措施的成效极其有限。当前，草原仍然甚至将继续高度转化、保护不足，急需开展修复，其中集约化农业生产是草原丧失和退化最主要的原因。

2. 公共牧场管理机制转型不易

在过去 30 年，公共牧场这种管理模式越来越走入困境。高强度的利用带来了严重过牧、人口增长、不可持续的土地管理及不同程度的环境问题（Palmer et al.，2013），最终造成草原退化。南非努力制定草原资源治理体系，改革调整管理机制、结构和进程，促进草原使用群体共同采取草原保护利用行动，实现有效的草原资源管理。然而，南非近年来经济面临极大挑战，包括社会、政治、经济不公平以及食物和水资源供应不足，公共牧场共管制度不得不应对基本生存挑战，专注于如何实现快速高效的生产系统，极容易忽视可持续牧场管理。因此，建立有效的牧场治理和管理制度仍然是公共牧场管理的一大挑战。

国外草原保护和利用

第一章
国外草原生态补偿

生态补偿(PES)是生态环境的利用方和供应方基于良好的生态系统服务而进行的有条件的、自愿的交易,其核心理念是生态系统服务保护活动带来的土地利用机会成本需要得到补偿(Yu et al.,2023),本质上是为环境保护创造了一个市场。自20世纪90年代初,许多国家都实施了大规模生态环境保护计划,利用生态补偿手段,为生态系统保护者提供补贴补助等资金支持,维持农田、森林和水域生态系统中的自然资源。例如,美国的"生态系统保护计划"、欧盟的"农业环境计划"等,帮助实现了农田、森林等生态系统自然环境保护优化,增加了生物多样性,提高了生态系统的服务功能。长期以来,大多数生态补偿项目都侧重于农田或林地的保护,很少有国家建立生态补偿项目来保护草原和依靠草原谋生的牧民。然而,近10年来,一些欧美国家的农业环境保护相关政策已涉及草原及其环境的保护,在草原土地利用保护、生态环境服务供给等方面发挥了重要作用。

一、欧盟

欧盟27国各类草原总面积约5600万 hm²,在农用地面积中的占比超过1/3(Velthof et al.,2014)。然而,欧盟草原总面积在1990—2003年下降了近13%(Squires et al.,2018)。欧洲西北部(挪威、比利时、荷兰、卢森堡、丹麦)半天然草地损失严重,德国、英国和瑞典部分地区由于缺乏维持半天然草地的放牧系统而出现草原退化。罗马尼亚等中东欧地区虽然拥有欧洲面积最大的半天然草地,但因农业生产减少和土地所有权的不确定性,大量半天然草地得不到良好管理。同时,草原生物多样性由于草场管理者在农业补贴的刺激下,将低投入、粗放式管理的物种丰富草原改为高度集约化管理的草场,引起永久草原不断减少,2000—2010年丧失了300 hm²,并且继续以每年7.2%的速度丧失,树木和灌木对草原地区的侵占生物多样性损失严重(Elliot et al.,2024),草原开放景观面积缩减。为了减少农业生产对草地的负面影响,欧盟利用共同农业政策(common agricultural policy，CAP）加大对草原的生态补偿。

（一）草原生态补偿政策

共同农业政策（CAP）由两个支柱政策体系构成，包括以直接支付和市场支持政策为主的第一支柱政策和以农村发展政策为主的第二支柱政策（Westhoek et al.，2012）。CAP 是欧盟实现农业经济、农村社会发展以及农村地区资源环境保护的主要政策工具，总资金量占欧盟农业支持资金的 40%，对欧盟农业土地利用产生了最重要的影响。

永久草原是欧盟重要的农业生产资源，同时提供了多重生态系统服务。通过提供补贴资金，加大土地管理投资力度，提高永久草原的生态服务功能，是 CAP 的一个重要政策方向。在 CAP 总体政策框架下，草原生态补偿项目基于农业环境保护计划、绿色措施、生态计划等开展绿色直接支付。

1. 农业环境保护计划

欧盟基于共同农业政策于 1988 年正式实施农业环境保护计划，为农户在环境敏感地区开展低强度土地利用活动导致的收入减少提供补贴，以实现生物多样性保护的目标（Tyllianakis et al.，2021）。通过支付生态补贴，鼓励农户将耕地转为草地、扩大牲畜生产场地、保留具有特定生物多样性意义的土地、保持现有可持续发展体系等措施，推进有利于环境保护的农业生产。为此，规定 CAP 的 70% 资金用于支持第一支柱政策的实施（Elliott et al.，2024），其余部分投入到欧洲农村发展农业基金（EAFRD），为第二支柱政策提供资金。

为推进计划的实施，欧盟于 1992 年 6 月发布了《农业生产方法条例》，要求开展强制性休耕，降低农业生产对环境的破坏，并于 1999 年通过"2000 年议程"农业改革方案，规定农民即使没有获得直接补偿，也必须遵守《农业生产优良规范》（*Good Farming Practices*）。欧盟"1257/99 号法案"还要求，对连续 5 年以上采取有利于环境生产方式的农民提供支持性补贴。根据这些规定，欧盟在 2003 年对 CAP 进行了改革，不再根据农业生产支付直接补贴，而是按面积计算支付直接补贴（Elliott et al.，2024），使绿色 CRP 成为强制性规定。环保型草场生产及其他农业生产的生态补偿由国家或地区主管部门直接提供（Guyomard et al.，2023），其中大范围减少污染物质（化肥和有机肥料、杀虫剂、除草剂）、降低牲畜数量及其产生的环境破坏等方面的措施是补偿的重点方向。

2. 基于生态计划的绿色直接支付

随着气候变化、生物多样性等政策的推行，欧盟在 2013 年进一步修订了 CAP 相关政策，在继续实施农业环境保护计划的同时，在第一支柱政策中引进了永久草原保护、作物多样性和关键生态区三大绿色措施，推行良好农业和环境状况措施（GAEC），采用直接支付的方式向实施绿色措施的农民提供 30% 的补贴（Velthof et al.，2014；Westhoek et al.，2012），称为绿色直接支付。永久草原保护生态补偿主要目标是保护环境敏感类永久草场，具体目标是保持长期休耕和将土地用途变化面积不超过 5%（Elliot et al.，2024）。

2023 年，欧盟正式批准实施 2023—2027 年共同农业政策，以助力实现欧盟绿色新政的可持续目标，推进农场到餐桌战略和生物多样性战略的实施（McEldowney et al.，2021；European Union，2023）。在此框架下，除了延续上一个政策期的绿色直接支付，又引入了交叉遵从标准和生态计划（eco-scheme），要求农户在开展 GAEC 实践活动的同时，必须满足环保、健康和动物福利相关的法定管理要求，实现气候和环保目标（Guyomard et al.，2023）。为此，欧盟各国投入 4470 亿欧元，推行生态计划，为气候、环境和动物福利相关保护活动提供直接补贴（第一支柱政策），占第一支柱政策资金的 25%。在新的 CAP 政策框架下，欧盟继续实施永久草原生态补偿措施，旨在将永久草原的面积增加 9%（European Union，2023）。根据欧盟的定义，永久草原指在 5 年及更长时间内开展休耕、保持草本植被的草原（Schils et al.，2022）。与农业环境保护计划的补偿支付方式不同的是，参与生态计划的草场由欧盟每年直接支付生态补偿（Guyomard et al.，2023）。

要通过生态计划获得绿色直接支付，农民和土地管理人员调整其土地管理方式，按照 GAEC 九大标准要求采取高于其他补贴项目的可持续生产措施，满足不得在永久草原上进行耕种、在敏感地区设置永久草原、保持草原和耕地面积比例以维护永久草原等生态补偿政策要求。同时，农民被允许在一定范围内将草原用地改变为其他土地利用方式，但不得超过草原面积的 5%。如果永久草原在农业用地中的比例下降，成员国可采取草场耕作授权、退耕还牧等措施，同时应加强对草原信息特别是永久草原信息监测，作为开展生态补偿的依据（Westhoek et al.，2012）。然而，对于拥有较大比例的永久草原，可以免除 GAEC 的部分要求，例如 GAEC7 关于保持作物轮作以维持土壤健康状况的要求（Guyomard et al.，2023）。

（二）草原生态补偿支付方式

为了保护草原，欧盟在 CAP 政策框架下，在不同阶段针对不同条件和需求，采取不同措施和方式推进草原生态补偿支付，在支付方式方面进行了诸多探索，以促进绿色直接支付，实现环境、气候等绿色目标（Haensel et al.，2023）。同时，要求各国将生态补偿相关要求写入其 CAP 国家战略计划。

1. 基于面积支付生态补偿

欧盟各成员国自 1994 年开始正式在农业环境保护计划下推行生态补贴项目，

以当地作物补贴标准为依据，参考耕地面积和产量并结合市场价格，为开展环境保护的农户提供不同类别的补贴（Cullen et al., 2021）。

欧盟草原生态补贴项目分为自愿性与强制性项目，针对不同休耕方式采取相应的补贴机制。农民如选择加入自愿休耕项目，应至少休耕 5 年，之后的自愿休耕年限无上限，享受补贴的上限为 33%。如参加强制性休耕，有两种方式可以选择。一种是针对轮作制休耕进行补贴，即补贴面积不超过耕地面积的 1/3，且补贴额与当地作物和生产力水平直接挂钩，但没有休耕上限。另一种是完全休耕补贴，即在 5 年期内不得开展农业耕种。在休耕地上，允许种植非作物原料，以生产植物油、生物酒精、生物汽油、生物能源等产品。补贴金额根据休耕面积而定，通常是最初 20hm^2 的补贴最高，随后进入补贴项目的草场面积补贴金额会下降。农户须以书面形式申请才能加入补贴项目，向当地农业局申报休耕面积，同时必须在农业推广机构的专业支持下，制订 5 年计划，明确相关环境保护措施。通过这种补贴制度，促使农户保护一定面积的草原。对于违反申报规定的，实行惩罚措施。例如，如发现有超报面积，按超报面积的双倍削减补贴面积，甚至取消补贴资格。

然而，这类补贴方式导致农户在考虑参加项目时，更多地考虑其草场面积和牲畜密度。面积较大的草场以及高牲畜密度的草场参与补贴计划的意愿都不是很强，原因是高于一定面积或高于一定单位有机氮（170kg/hm^2）的草场必须面对更严格的保护措施，意味着成本提升，补偿效益减弱（Cullen et al., 2021）。

2. 基于固定标准支付生态补偿

欧盟从 2010 年开始，通过实施农业环境保护选择项目（AEOS）、农村发展项目（RDP）等，改变基于面积进行补偿的做法，按照固定标准向农户提供补贴，即对某一类环境保护活动或某一片具有环境重要性的草场提供生态补偿（Tyllianakis et al., 2021；Cullen et al., 2021）。

AEOS 生态补偿对象是被指定为特别保育区或特别保护区等具有一定保护价值的草场。而 RDP 生态补偿对象则是草场生物多样性和自然资源保护。其中，草原恢复被列入了生物多样性保护类别，而草原土壤保护、水质提升及化肥与杀虫剂被列入自然资源保护类别。然而，该计划并不要求农户必须在专业人员指导下进行生态补偿申请和保护活动设计。由于缺乏技术支持，农户参与项目的意愿和能力都不足。

为了解决以上问题，欧盟在 2015 年实施了绿色低碳计划。该计划聚焦优先环境资产，提供三级补贴（Tyllianakis et al., 2021）。一级是最高等级补贴，补偿对象是划入"自然 2000"保护网络、具有重要鸟类栖息地以及拥有高优先保护水体等的草场；二级补偿的对象是拥有受威胁水体及采取最低强度耕种、保护野生鸟类等环保措施的草场；三级补贴是普惠补偿，即其他所有草场可以得到，以保护草场土地利用不会被改变。每个草场的年补偿金额最低为 5000 欧元。

3. 基于成效支付生态补偿

欧盟 2020 年出台了从农场到餐桌战略和生物多样性战略，旨在建立公平、健康和环境友好型食品体系，解决生物多样性丧失问题，其目标是到 2030 年减少使用 50% 的农药和 20% 的化肥，实现农地 50% 开展有机农业生产。针对于此，欧盟扩大了自 2018 年引入的基于成效的生态补偿支付规模，推进实现可持续发展。

基于成效的生态补偿方式主要用于草场和草甸保护项目，即根据事先约定的可量化的生物多样性保护目标，检查农户是否采取适当行动实现目标，并且按照实际保护成效进行支付（Massfeller et al.，2022；Bartkowski et al.，2021）。这意味着，农户由于保护成效的不同，相同保护行动的补偿金额是不同的。同时，这也意味着，采用这种方法进行支付的成本比之前支付方式高得多。因此，目前欧盟通过支持小规模项目进行试点。例如，德国巴伐利亚州针对物种丰富草原的保护实施的 KULAP 生态补偿项目（Cullen et al.，2018）。在 1993—2013 年 10 年期间欧盟共利用 CAP 第一和第二支柱资金支持实施了 30 个基于成效支付的生态补偿项目，其中 17 个是草原相关项目，主要是针对半天然牧场栖息地和物种丰富草原两类，占总项目数的 57%（Allen et al.，2014）。

农户自愿参加项目，并且基于约定的保护成效，如授粉昆虫的保护等，取得相应的生态补偿。在签订草原生态保护合同时，项目方不会规定具体的保护行动，而是由农户开展自主管理（Allen et al.，2014）。在项目实施期结束时，经评估后根据保护成效予以支付。支付标准各个项目不同，根据不同资金量而定。

在这一机制下，农户草原保护行动会将保护效益最大化，而不会过多地考虑如何减少机会成本，从成本效益角度而言，比之前的支付方式能取得更好的草原生态保护成效，同时让农户更深入了解和掌握何种草场生物多样性保护行动能取得最佳成效。然而，这种支付方式也带来了管理成本增加的问题（Bartkowski et al.，2021），并且采用参与式方法制定评估指标和开展调查评估尤其重要。

（三）草原生态补偿的监督管理

为了保证草原生态补偿的实施，欧盟针对每个阶段 CAP 框架下的生态补偿制定了相应的监督管理机制。

1. 监督管理体制与法规

欧盟针对 CAP 框架下的生态补偿制定了一系列法律。欧委会第 796（2004）号条例规范了草场生态补偿检查监督的程序、要求和相应处罚要求。为了统一各国的行动，欧委会第1306（2013）号条例则明确要求建立共同监督评估框架，由欧委会基于各成员国报告，针对直接支付、市场措施、农村发展措施、交叉遵从等方面的政策及其实施进行监测评估，以检查相关措施和行动是否实现了CAP的三大政策目标，即可靠的食品生产、自然资源可持续管理和气候变化适应以及地区均衡发展（EU ARD，2017）。对于直接支付、市场措施和交叉遵从要求的监督评估，要求制定多年评估方案，指定第三方独立机构或专家基于方案定期开展评估。对于农村发展政策，则根据第1305（2013）号法案第67—79条进行监督评估。

建立了一整套多级别、多参与方、多部门的监督机制。欧委会负责协调成员国开展监督评估，并且统一制定影响评估指标。对第一支柱政策的评估，由欧委会通过竞标程序，遴选第三方独立机构根据监督评估指标体系开展评估；第二支柱政策则由各成员国开展，欧委会委派第三方机构在此基础上进行汇总分析。为了保证监督评估的一致性，欧委会还成立了监督评估专家组，定期针对欧委会和欧盟成员国的评估专家，组织研讨会，分享经验、良好实践和评估相关信息（EU ARD，2017）。各成员国根据法律规定，成立监督委员会，由相关主管部门及下属机构、合作伙伴等代表组成，每一位成员均有否决权，其职能是制定监督程序、监督生态补偿实施情况、定期召开会议审查相关政策及其成效、提供咨询服务、编制提交年度监督评估报告等。针对跨境草场生态补偿项目，允许成立项目专门监督委员会。

2. 监督管理程序及处罚

在早期基于面积的生态补偿时期，根据欧委会第796（2004）号条例的规定，欧盟要求成员国依托地理信息系统、遥感等高新技术，对至少1%申请单一农场补贴的农民开展现场检查，保证草原休耕制度的执行效果。对于大部分获得补贴的农民，应提前14天下达检查通知，但对申请牲畜补贴的农民，其检查通知期不得超过48h。在检查时，随机选取20%~25%的农民待检，其余则基于风险进行选择。各成员国可以根据农场等级、农场类别或地理位置进行风险评估，以选取待检农民；同时，酌情考虑其他因素，如农民是否参与农场咨询计划或者农场认证计划。对未遵守强制性休耕要求的农户，在处罚时要考虑是否为过失行为还是故意所为。第一次发现未能遵守规定的，如果核实是过失行为，将减少当年3%的直接补贴；如果是故意行为，则将减少20%的补贴。对于反复违反草原休耕规定的农民或农场，如果均为过失行为，处罚数额最高为全年补贴数额的15%，然而一旦达到该限额，以后违反规定的行为均视为故意行为，将处以更严厉的处罚。若反复违反规定都是有意而为，那么最高处罚将达到当年直接发放补贴额的100%。

随着基于管理活动和基本成果的支付方式的推行，更多地是委托第三方独立机构基于项目管理方通过参与式制定的评估体系进行评估。欧委会针对第一和第二支柱政策不同项目制定指标体系，永久草原生态补偿的监测评估指标见表1-1。

表1-1 欧盟永久草原监测评估一般指标

类　别	指　标
0.15-PI	拥有一定比例永久草原的农户数量
0.16-PI	农户宣布开展永久草原管理的面积
0.17-PI	将环境敏感区域划入永久草原进行管理的农户数量
0.18-PI	农户划定的环境敏感永久草原的面积
0.19-PI	指定为环境敏感永久草原总面积(全国)

具体的草原生态补偿项目的监测评估体系各有不同，不同国家不同项目的评估标准也不相同。例如，苏格兰农业环境和气候项目针对草原生态补偿的监测主要集中在绿篱建造、维护和恢复，栖息地管理，水资源保护，野生动物保护，放牧管理等方面(表1-2)(Pakeman et al.，2021)。

表1-2 苏格兰草原生态补偿监测指标

类别	指标	类别	指标
绿篱建造、维护和恢复项目	植物丰富度	栖息地管理项目 物种丰富草原管理项目 放牧地管理项目	植物丰富度
	授粉者丰富度		植物多样性
	授粉者多样性		授粉者数量
	授粉者资源		授粉者资源
	种质资源		土壤资源
	水质		水质
	土壤侵蚀度		土壤侵蚀度
	土壤板结度		平均高度
	平均高度		平均密度

在生态补偿支付方面，项目管理方将针对评估结果，按照既定的标准，对项目内草原生物多样性和环境状况进行评级。一般而言分为1~10级，分级越高，补偿金额越高，反之亦然。通过这种有差别的支付激励农户采取环境友好型农牧业生产，促进农户保护授粉昆虫、修建小型水体、保护恢复野生动物种群。

（四）草原生态补偿效率评价

欧盟通过农业环境保护计划开展的草原生态补偿制度具有全面性、生态性和技术性等特点。特别是针对草原休耕，欧盟制定了具体全面的要求和规定，明确禁止使用农药、化肥等化学手段进行草场修复，要求在农场休耕地上种植树木、草及其他非粮作物，强调生态景观完整性，使得草地等植被得以恢复。同时，考虑到涉及国家众多，各国国情千差万别，由各国综合考虑各种特殊情况予以具体实施，使得草原休耕生态补偿政策具有广泛适用性且具有实际操作性，其效果也比较显著，欧洲草原19.64%恢复效果明显，只有10.75%的草原处于退化状态，但都属于分散的、非大面积整片退化（Yan et al.，2023）。

总体而言，自20世纪80年代以来，农业环境保护计划及相关绿色支付措施等草原生态补偿在提高永久草原面积、促进草原休耕等方面发挥了一定积极的作用。申请加入不同类别生态补偿的农场比例增加，且超过政策预期，2013年欧盟申请加入生态补偿的农场已达25%，超过了2020年的目标，其中经济较发达的地区有50%~60%的农场申请加入不同生态补偿项目。例如，芬兰农场加入生态补偿项目的比例高达93.7%（Feehan et al.，2005；Tyllianakis et al.，2021）。针对半天然草原、物种丰富草原及放牧地等生态补偿项目保存了大面积草场，极大地促进了草场可持续管理，提升了欧盟草原生物多样性。同时，生态补偿项目极大缓解了永久草原管理者面临的经济压力。农场因为开展生态保护措施，获得了额外的收入，占农场收入的40%~55%，有效提高了传统粗放式草场管理效益（Franco et al.，2012；Elliot et al.，2024），不但维护和恢复了草原生态系统，而且推动了有机农牧业的快速发展。

然而，草原生态补偿实施也面临诸多挑战。一是草原生态补偿未取得预期的效果，特别在中小草场的保护和恢复方面。永久草原生态补偿项目更适合开展粗放式管理的大型草场，特别是以面积计算补偿金额的项目（Elliot et al.，2024），而且按照生态补偿项目的高环保标准作业要求，草场管理者加入项目之前要支付前期设备采购、咨询服务等相关费用，但最终的补偿金额并不确定，因此中小草场申请参加生态补偿项目的意愿和积极性不高。二是生态补偿项目对草原管理实践的影响偏低，且对气候和环境影响有限。作为自愿性补偿项目随着食品价格的增长，草场经营者更倾向于开展集约性经营。2015—2016年，欧盟有12个成员国的永久草原与在用农业土地（UAA）的比例出现下降，其中4个国家超过了5%的阈值。三是草原生态补偿项目除了生态计划相关项目由欧盟统一支付之外，其他的均由欧盟各成员国负责管理和支付，这为各成员国留下了极大的操作空间。由于各国农业生产特点、发展阶段、管理措施等情况以及支付资金、支付方式及环境问题等外部条件各有不同，并且各国在监测评估机制的建立及土地、市场等各种相关数据库的运用方面存在较大差距，其草原生态补偿项目的效率并不相同，不能完全实现欧盟层面的草场生物多样性、环境和气候目标，且休耕的作用在一定程度上高于永久草原绿色措施的作用（Bubbico et al.，2016；McGurk et al.，2020）。

二、美国

自 20 世纪 40 年代末以来，美国 50%~70% 的草原被用于农业发展，永久草原面积一直在减少，大约 50% 的草原已变为农田或其他土地用途（Lark，2020）。2000—2020 年，草原生态系统受到土地破碎化、入侵物种、野火、土地退化和转化的影响，特别是农产品国际贸易大幅增长导致农田面积快速增加，使各类草原的维持保护面临极大压力，仅在 2011—2021 年，就有上百万英亩（1 英亩 ≈ 0.405hm^2）的草原被转化为农地和住宅及商业用地（US Congress，2022），草原生态系统功能及其服务也受到极大损害。其中，美国中西部地区独特的草原栖息地自 2008 年以来转化为农田的速度快速攀升，比过去 15 年增长了 4 倍（Lark，2020）。根据美国农业部经济研究局发布的资料显示，1948 年美国 60% 的土地是草原，但到 2002 年，由于城市和郊区的发展、农业扩张和木本植被侵占，草原面积的占比下降到了 44%。阻止草原大规模转化已经成为美国应对气候变化的一个重要内容，也是美国近年来加大资金投入，实施草原保护计划，确保草原生态系统持续提供生态服务的能力的一个重要原因。其中，生态补偿是重要的政策工具。

（一）草原生态补偿政策

为了减轻农业生产带来的负面环境影响，美国基于《农业法案》（*Farm Bill*，2014 年），实施了多类农业资源和环境保护项目，建立了庞大的农业环境支付计划，即采取土地租金、成本分摊和环境绩效奖金等经济激励措施，向农民提供生态补偿，从而改善草原等农业景观环境质量（陈诗华等，2022；Biffi et al.，2021）。

《农业法案》按照作用对象和作用方式，提出了休耕类、生产性土地保护类、地区合作保护类、开发权限制类四大类农场/牧场生态补偿项目，并且强调通过直接支付、价格支持、作物保险费补贴和灾害援助补贴等支付方式，促进私人农业土地的可持续生产。这些项目大多涉及草原、牧场和放牧地。

2018 年 12 月，美国出台的《农业提升法案》不但极大地提高了农业补贴金额，而且强调农业生态补偿政策的长期性、有效性、可执行性（许荣等，2020）。其中，2019—2023 年草原等农业资源保护项目是农业财政支出增幅最大的项目，增幅达到 5.55 亿美元，同时把休耕面积上限定为 1090 万 hm^2，一般休耕补贴率上限设定为所在县平均地租的 85%，持续休耕土地补贴率设定为不超过所在县平均地租的 90%。

为了扭转草原退化及丧失的趋势，《农业法案》在土地休耕保护计划框架下增加了草原保护项目，根据法案规定，只有位于草原地区、以放牧为主要利用方式且能为具有重要生态价值的动植物提供栖息地的草原才能申请参加草原保护项目。这意味着草原保护项目重点保护面临较大转化和开发风险的放牧地，强调草原动植物生物多样性的保护。

同时，草场利用必须满足《清洁水法》《清洁空气法》《资源保护与恢复法》《综合环境响应、补偿和责任法》等法规的要求。

（二）主要草原生态补偿项目

1. 休耕类草原生态补偿项目

休耕类生态补偿的代表性项目是土地休耕保护计划（Conservation Reserve Program，CRP）。作为美国最大、最知名的私人土地保护项目，土地休耕保护计划是美国联邦和州政府以及众多非政府保护组织用来解决私人土地环境需求的主要方法，也是美国有史以来唯一一个强调土壤、水和草原等农用地野生动物栖息地景观层面保护的计划。该保护计划通过资金补偿，吸引农场主、牧场主和土地所有人自愿与政府主管部门签署10~15年的长期土地保护合同，对高度侵蚀、环境敏感、生态脆弱的区域开展保护性利用，在不退出农业生产的情况下种植保护性覆盖植被，从而达到保护土壤、水、空气，以及野生动植物等资源的目标。

其中，草原保护项目提出将200万英亩（约81万 hm²）草原纳入休耕保护计划体系，实施草原保护项目，促使草场所有者和经营者更好地保护草场，作为长期放牧地进行利用。申请加入项目的牧场主和草原所有者与政府签订10年或15年期合同。在合同期内，可以开展常规放牧作业，包括干草生产、刈割及草种子收获，同时被鼓励采用"十字篱"辅助轮牧等措施改善牧场植被、保护授粉昆虫或其他野生动物，但是在鸟类筑巢季节要尽量开展大规模的草场利用，参与计划的牧场主或草场/草原管理者通过长期维护资源保护性植被，获得年度土地租金补贴和费用分摊补助。其中，年度土地租金补贴为美国农业部国家农业统计服务中心估算的牧场租金的75%，费用分摊补助不高于参与者因采取保护措施而产生的成本的50%。

2. 生产性土地保护类生态补偿项目

生产性土地保护类生态补偿项目主要是为农场主、牧场主和土地所有者提供支持和资金等生态补偿，帮助他们提高土地管理水平和能力。其中，环境质量改进项目（Environmental Quality Incentives Program，EQIP）和保护管理项目（Conservation Stewardship Program，CSP）是涉及牧场、草原和草场的主要生态补偿项目，其资金量占所有农业环境保护项目资金的一半以上（US Congressional Research Service，2024）。

环境质量改进项目是针对农场主、牧场主和土地所有者的自愿性生态补偿方式，通过提供资金和技术支持，鼓励实施水土保持、植被保护和可持续土地管理措施，解决草场自然资源问题。其中，可持续畜牧业相关措施是补偿的主体内容。《农业法案》(2018 年)对环境质量改进项目进行了扩充，将水质水量提升、土壤健康改善和野生动植物栖息地改善等方面纳入了补偿范围。在资金方面，项目的预算资金从 2019 年的 17.5 亿美元增加至 2023 年的 20.25 亿美元，同时对不同措施的补偿资金进行了调整，提高环境保护相关措施的补偿比例。例如，野生动植物保护相关措施的补偿资金比例从 5% 升至 10%，而可持续畜牧业相关措施的补偿资金比例从 60% 降至 50%。在技术支持方面，通过保护创新资金这一子项目，提高了对社区大学、农场创新和土地健康试验等领域的支持力度。

保护管理项目主要是针对农业生产者提供的生态补偿项目，鼓励生产者维持、提升和新增现有保护措施，既支持单项保护措施，也支持综合保护措施。因此，参加保护管理项目多为大中型家庭农场和非家庭农场，其比例达到 77.5%，小型家庭农场的比例只有 23%。良好放牧管理措施是该项目针对牧场提供的主要生态补偿范围。《农业法案》(2018 年)调整了保护强化项目，调减了该项目的补偿资金，并将调减的资金充实到环境质量改进项目及其他保护类项目。同时，新增了草原保护倡议项目，对已有 9 年未进行耕种的土地提供生态补偿，即 2009年 1 月至 2017 年 12 月 31 日期间未开展作物播种活动的处于休耕或改种禾草的土地可申请加入该项目。项目实施期是 5 年，不开展第二轮申请，补偿资金是每年每公顷 45 美元。申请加入草原保护倡议项目的生产者必须按照自然资源保护局制订的保护管理计划，管理他们的土地。然而，这些土地不能再申请农业局提供的价格补贴和风险补贴。

（三）草原生态补偿实践措施

1. 草原生态补偿项目实施机制

美国《农业法案》(2018 年)对农业环境保护项目的补偿资金预算和面积作出不同规定，在总体上采取竞争性的项目挑选规则，每个项目都有一套项目挑选机制。各州在满足补偿预算资金和面积限制的情况下，每个州根据分配的配额，利用指标体系进行排名，按照排序来决定接受哪些申请者参与该计划，直到配额分配完为止，与接受的申请者签订合同。各类项目的管理和补偿机制各有不同。

（1）草原保护项目　草原保护项目作为土地休耕保护计划的子项目，其实施机制与土地休耕保护计划相似，每年由美国农业部农业局面向农民开放登记，农民通过美国农业部驻地方服务中心进行自愿申请，签订长期合同，在开展放牧、草料生产的同时，加强生物多样性保护、改善土壤健康以及增加碳汇。

申请加入草原保护项目的土地必须满足四个条件：①已申请的土地休耕保护

项目已结束；②植被以禾草或灌木为主，树冠面积超过 5% 的土地不具备申请资格；③历史上一直以草原为主要形态；④为动植物提供栖息地。拥有草原所有权的个人、企业和机构都可以申请草原保护项目。若要加入草原保护项目，必须满足以下条件：在一般登记结束之前，获得草原所有权的时间至少 12 个月；若土地是通过继承获得，则不受 12 个月的限制（USDA Farm Service Agency，2024）。若申请者非草原所有人，而是实际管理人，也可以申请加入草原保护项目，但其管理草原的时间已满 12 个月，并且向农业部门证明其在保护合同期间可以继续管理该草原。这是因为草原保护项目签署的合同都是 10～15 年的长期合同，对申请人资格进行限制可以保证合同执行的稳定性，保证实现保护效果。

申请人可通过一般登记和连续登记两种方式进行登记申请。一般登记是竞争性的，只在特定的时段开放，通常在春季开始。登记的流程类似于"反向竞拍"模式，在开放登记期间，符合休耕标准的土地所有者可以提出申请，在申请中进行租金报价，选择拟配套的养护方案，农业部会计算每个申请的环境效益指数，并根据休耕总规模划定基准线，环境效益指数高于基准线的申请才可以获得登记。而且申请人每年只有 1 次提交投标的机会，一旦提交，不能修改，若申请不成功，只能等到下一轮再次提交申请。参与登记的申请者按照合同要求，种植规定的禾草和树木，控制土壤侵蚀，改善水质，保护野生动植物栖息地。农业局针对一般登记草原保护项目，提供气候智慧型管理补偿，通过推动农户开展永久草原管护活动，实现增碳减排、湿地恢复和野生动物栖息地保护等目标。

连续登记全年皆可登记。与一般登记不同的是，只要申请人符合资格要求且申请登记的面积不超过法定限度，登记申请将自动接受。连续登记的保护目标更加明确，符合连续登记条件的土地一般是国家认定的亟待休耕的土地，即农业管理部门划定的浅水野生动物保护区、河岸缓冲区等特定区域，且需要配套实施农业部门规定的养护措施。通过连续登记进行休耕的土地通常是已通过一般登记。连续登记的养护措施更为严格，环境效益要求更高，因此美国政府对于连续登记持一种积极鼓励的态度。此外，连续登记申请人可以同时申请气候智慧型管理补偿、土地休耕保护增强计划、可耕作湿地项目、清洁湖口和河流倡议等激励性生态补偿项目。

美国农业部农场服务局（FSA）综合考虑多重因素对提交的所有申请进行排名，主要考虑的因素包括土地利用现状和未来趋势、草原经营者是否具有一定的经营经验、草原是否得到最大程度的保护、植被覆盖情况、环境因素、小规模畜牧业作业以及成本。根据排名结果，农业局选择符合要求的草原进入保护项目。在补偿支付方面，主要包括土地年租金补偿和成本分摊支持补偿两种方式（USDA Farm Service Agency，2024）。年租金支付是农业局基于牧场保护措施（包括休牧、野生动物保护计划制订实施等)提供的一种支付方式,补偿金额则是由农业局地方办公室与牧场主共同确定,竞价限制最主要的确定方式,即牧场主以当地平均地租率为标准提出地租补偿标准。为了成功获得租金补偿,牧场主通常不会申报太高的金额。成本分摊支持是对牧场主根据审批的计划设立围栏或开挖水池等活动提供的补偿支付方式,但分摊的成本不得超过50%,此外以划界为目标设立的围栏不能申请此类补偿。

(2)**环境质量改进项目** 环境质量改进项目由美国农业部自然资源保护局负责管理,具有自愿性和竞争性特点。该项目向开展传统有机畜牧业的牧场主开放,通过提供生态补偿和免费的一对一技术支持,促使牧场主改善草原管理实践,实现清洁水源和空气、改善土壤健康、提供更好的野生动物栖息地,减缓干旱等气候变化等补偿目标,旨在改善草场经营效率的同时促进草原保护效益。2009—2019 年,自然资源保护局共签署了 42.6 万个环境质量改进项目合同,投入 150 亿美元,加强了 5746 万 hm^2 草场保护(Liu et al., 2022)。

对于具备申请登记条件的牧场主,自然资源保护局将支持制订牧场管理计划,并以此申请生态补偿。各类环境质量改进项目的关注也不相同,其中集约化养殖场主要关注水质问题,草地主要关注草畜平衡、放牧设施、牧草管理、杂草控制方式、有机饲养方式等问题。申请登记期结束之后,自然资源保护局着眼于提高环境效益和成本效益,根据水土流失、土壤质量、水资源数量、水质量、空气质量、植物资源、动物资源、能源等 8 类政策 28 项具体指标筛选项目。

每个州根据实际情况选择 3~5 个目标作为本州关注的重点,利用绩效排名指标来评估现有的保护措施和新增的保护措施的环境绩效分数,以此来决定排名和补偿。绩效打分排名主要考虑优先关注问题保护措施的实施成效、保护措施的保护成效、合同期结束时得到良好处理的优先关注问题数量、合同期结束时优先关注问题的良好处理实效等。最终评估分数是 5 个因素的加权和。得分最高的牧场主将获批,成功申请生态补偿,包括 90% 的成本和 100% 的因开展保护活动而丧失的收入。属于社会弱势群体、资源有限、初始经营农场、退伍老兵农场主等类别的牧场主,可以申请预付款,最多可申请 50% 的补偿款,以购买保护经营相关材料或委托他人按照获批的保护计划开展保护工作。然而,补偿金额并不固定,每年根据实际情况进行调整。

(3)**保护管理项目** 保护管理项目同样由自然资源保护局负责管理,是在已有活动基础上,申请新的保护补偿,以增强实践活动,旨在加强自然资源保护,改善野生动物栖息地,提高气候韧性,鼓励利用新技术。因此,只有已实施生态保护行动的私有农用地、印第安所有农用地、非工业用私有土地、农庄以及由申请人负责管理的公共土地才有资格登记加入保护管理项目,且不受面积的限制,然而申请者必须在所有申请加入的草原上实施生态保护措施，满足美国农业部高侵蚀土地和湿地保护条款。

与生态质量改进项目相似，自然资源保护局为申请者提供一对一咨询服务，评估草原管理情况和自然资源状况，并与申请者共同确定新的管理目标及保护活动。一旦成功加入保护管理项目，申请者通过开展符合生态保护要求的经营活动，可以得到政府补偿，每年支付一次。然而，此类项目不是基于生产活动成本而是基于环境绩效进行补偿，属于基于成效的生态补偿。环境绩效得分越高，获得的补贴越多。其补贴计算方法为：

$$农场年度补偿 = 土地面积 \times 环境绩效得分 \times 补偿标准$$

式中，环境绩效得分包括新增保护措施或现有保护措施的得分。

补偿分为两个部分：一类是基于新增保护措施和维护现有保护措施的年度补偿；一类是资源保护型经营方式额外补偿。不同土地利用类型，其土地补贴标准不同。

2. 特殊定向支持措施

美国农业资源和环境保护项目虽然总体上采取竞争性审批管理制度，但对两类群体给予定向支持(表 1-3)。一是采取特定保护措施的农场主。如保护储备项目对于普通签约项目要求采用 EBI 评价指标体系进行筛选，而对于环境效益极其敏感的区域则采取持续签约这一特殊通道，无须参与排名竞争。二是特定群体农场主。主要包括 4 类农场主：第一类是有限资源农场主，衡量标准有两个，即两年内任何一年的农场直接收入与间接收入之和少于 10 万美元(2004 年标准，每年实际额按通货膨胀率进行调整)，以及两年内任何一年的家庭总收入低于全国四口之家贫困线，或者低于所在县中等收入的 50%；第二类是社会弱势群体农场主，包括印第安人或阿拉斯加土著、亚裔、非裔黑人、夏威夷土著、西班牙裔；第三类是经营初期的农场主，即经营 10 年以内的农场主；第四类是退伍老兵农场主。

表 1-3　项目定向支持措施与群体

项目	特定支持措施	特定支持群体
CRP	针对一些生态区位非常重要、环境极其脆弱土地，只要其土地符合特定标准，农场主可随时申请休耕，不受申请期的限制，可以不参与竞争而自动纳入项目中	
EQIP	60%的资金支持与畜牧业相关的事务，5%的资金定向支持野生动物栖息地的保护措施	5%的资金定向支持刚起步的农场主，5%的资金定向支持社会弱势群体(包括少数民族和部落生产者)农场主
CSP	10%的面积针对私人非工业用林地	10%的面积针对经营初期的农场主和少数民族农场主

美国农业项目补贴注重收入的公平性，调整后的总收入超过 90 万美元的农场主将无法获得政府补贴。同时，单个项目也对农场主设置了补贴上限，保护储备项目的上限是每年不超过 5 万美元，环境质量改进项目的上限是 5 年不超过 45 万美元，保护强化项目的上限是每年不超过 4 万美元。

3. 补偿项目监管制度

为了更好地巩固草地保护结果，美国农业部加大投资力度，开展草原保护项目的监测和评估，以衡量和监测新的草原保护项目其管护措施对土壤碳和植被覆盖度的影响。

其中，2008 年正式实施环境资源评价系统（TERRA）是农业部的重要监管新平台。该系统以地理信息系统（ArcGIS）为运行平台，基于基本地块单元空间分布数据、农作物用地空间分布数据、土壤地理信息数据库（土壤物理性质、化学性质、生物性质以及土地生产力等）、土地管理系统数据库（土地基本价、鼓励价、维护价、签约价和措施补助价）等一系列数据，采用相应的数学模型确定生态补偿项目的监管事项和成效评估模式。

根据农场主在 TERRA 系统提交的草原保护方案，农业部县级办公人员负责核查项目实施效果。为了保证保护效果，生态项目资金拨付采取先建后补的形式，核查通过后，农业局通知财务办公室，将补偿资金拨付给农场主。为了更好地巩固草地保护结果，美国农业部加大投资力度，开展草原保护项目的监测和评估，以衡量和监测新的草原保护项目其管护措施对土壤碳和植被覆盖度的影响。

（四）草原生态补偿效率评价

美国自 1985 年以来，通过各类农业环境保护补偿项目，旨在加强草原生态环境保护，同时为了评价农业环境补偿项目的实施效率，包括生态环境和经济社会效益，美国农业部自然资源保护局建立了一系列技术工具开展补偿项目效率评价，以更好地服务政策制定和调整。

总体而言，所实施的农业环境保护项目取得了巨大的保护效益。为了评价农业补偿项目的实施效率，包括生态环境和经济社会效益，美国农业部资源保护局利用一系列工具开展补偿项目效率评价。通过效率评估，发现包括草原保护项目在内的土地休耕保护项目是美国历史上最成功的环境保护项目，其正向的经济、社会效益抵消了农业劳动力需求减少、人口外迁、农业生产设备闲置等影响。

首先，草原生态补偿项目大幅减少了农业生产导致的土地侵蚀破坏程度，改善了环境质量。有研究显示，土地休耕保护项目明显减少了水土流失，每年水土流失量从 1982 年 30.8 亿 t 下降到 1997 年的 18.9 亿 t，所带来的非市场效益达 14 亿美元/年（Hyberg，1997）。草原保护生态补偿项目的实施地区还出现了明显的溢出效应，不仅水土流失减少，土壤养分及水分得以保持，土地生产力恢复，节约了化肥等生产成本，而且下游地带的河床淤积减少，水及空气质量改善，污染治理成本、自然灾害损失及卫生医疗支出降低，打猎和野生动物观赏性需求增多，旅游产业就业机会增加。

其次，草原保护生态补偿项目有效地保护了永久草原，从而保护了草原鸟类栖息地和种群（Igl et al.，2023）。草原保护项目帮助恢复栖息地，增加了草原栖息地的连通性，从而保护了许多鸟类种群。相比于其他生态补偿项目，参与草原保护补偿项目的永久草原中草原鸟类密度最高。不少研究（Geaumont et al.，2017；Rischette et al.，2021）显示，一旦补偿项目结束，草原被改变为耕地、放牧地等其他土地利用类型，草原植物及其特征发生变化，改变了草原鸟类的栖息地条件，导致许多鸟类的筑巢数量和密度都呈明显下降趋势，下降比例最高的达到90%以上，例如绿篱鹪鹩、山雀等。这最终致使鸟类种群数量下降，特别是面临种群长期下降威胁的鸟类。

然而，各类草原生态补偿项目也面临着极大的挑战。一是由于大宗农业商品贸易价格不断攀升、以玉米等农作物为原料的生物柴油生产规模扩大、政治目标和优先事项的变化等经济、政治等因素，土地所有者更愿意扩大土地利用规模，而不愿继续开展生态保护措施，致使各类草原补偿项目的申请登记不足。自21世纪以来，申请登记草原保护项目、环境质量改进项目等的数量就持续下降。这一现象也说明了自愿性草原保护项目具有不稳定性和不可预测性的特点。二是草原生态补偿项目也面临着农民和政策之间的信息不对称，导致一些面临高侵蚀风险的草原并不能成功登记以获得相应的补偿资金。这也致使农户参与补偿项目的意愿不高。三是项目实施带来区域经济目标与全国环境政策目标相冲突的问题，特别是部分地区从生产主导型经济转变为补贴主导型经济，导致种子、肥料、杀虫剂、除草剂、农用机械和农业劳动力需求减少，农业就业机会下降，农用设备制造行业受到较大冲击，进而使农产品价格上涨，一些非耕地被开发用于农业生产。

三、德国

在德国，草原约占农用地的1/3。德国在1980年以后，农业集约化发展使农牧过渡区边缘草地或牧场被转化为其他土地类型，具有生态价值的草地面积锐减。2000—2017年，农田和永久草地或牧场的面积减少了约38万 hm^2（Sponagel et al.，2021）。以德国东北部勃兰登堡州为例，该州位于德国北部低地，地势平坦，年降水量低，仅为520mm。草地面积28万 hm^2，占农业利用面积（127万 hm^2）的22%。勃兰登堡州农业集约化发展，使农牧交错区的草场减少。为此，德国及各州通过生态补偿政策措施，加强草原保护，扩大草场面积，促进农村地区经济发展。

（一）草原生态补偿政策法规

1. 生态补偿法规

德国生态补偿始于1969年，当时德国在内务部成立了环境处，即现今的德国联邦环境、自然保护、建设与核反应堆安全部的前身，开展环境保护行动计划，推动自然环境保护和生态补偿实践。草原生态补偿相关规定分布在不同法律之中，包括《联邦自然保护法》《生态农业法》《肥料使用法》等。

1976年，德国颁布了《联邦自然保护法》，对保护自然资源、预防侵占、侵占者义务、决策优先度、侵占补偿标准等做了详细规定，特别是第13条规定，任何开发活动只要对自然和景观产生不可避免的重大负责影响，必须提供适当的补偿或替代（Sponagel et al.，2021）。这使得生态补偿的法律地位在国家层面得以确立。各州在《联邦自然保护法》的基础上，制定了《生态补偿条例》和相关管理制度，明确了保护对象、行政许可、生态补偿程序与管理要求等内容，对生态补偿涉及的原地补偿、易地补偿、资金补偿等方式和生态账户管理、土地储备库、补偿标准等内容做了具体规定，增强了生态补偿措施的可操作性（Sponagel et al.，2021；高世昌等，2020）。《生态农业法》和《肥料使用法》对接受补贴的农户与企业进行约束，一定程度上强化了其保护草场和牧场的意识。此外，德国作为欧盟成员国，其农业相关法规与欧盟农业环境政策，特别与欧洲共同农业政策（CAP）及其第二支柱"农业环境计划（AES）"，保持一致。

根据法律规定，德国草原农业生态补偿的对象是粗放型草场利用。具体要求是对所有实行粗放使用并降低载畜量草场，同时大幅度减少化肥和农药的使用量且不转变为耕地的，给予一定的补贴。对多年生作物放弃使用除草剂的行为也提供一定的补偿。此外鼓励采用多种补偿方式，主要包括原地补偿、易地补偿和缴费补偿及其组合方式进行补偿。原地补偿即在项目建设区范围内预留部分生态用地，采取提升该部分土地的生态系统功能和景观价值的方式进行补偿；易地补偿即在项目建设区域以外，在符合国土空间规划要求的区域内进行补偿；缴费补偿即项目建设单位无法自行完成生态补偿义务时，以向政府主管部门缴纳资金方式进行补偿。

2. 生态补偿机制

德国草原生态补偿主要在耕地生态补偿机制框架下开展，包括主流的农业环境计划（AES）和生产一体化补偿（production-integrated compensation，PIC）。

德国农业环境计划的政策目标为通过对自然资源影响的环境补偿来实现生物

和非生物资源的无净损失，包括增加草地面积、创建和保护栖息地增加野生生物多样性、禁止使用化学合成肥料和杀虫剂以改善水质、降低牲畜密度减少温室气体排放、通过创建开放空间提高景观的多样性和质量、综合改善生态系统结构（如植物多样性）和/或功能（如土壤稳定、养分缓解）、提高草地生态系统的服务功能。作为一种自愿性生态环境补偿机制，德国农业环境计划强调政府投入和受益人付款的原则。其中，德国勃兰登州农业环境计划（表1-4）的实施最为成功，包括自然保护项目和文化景观项目（Tzemi et al.，2022）。

表 1-4　德国勃兰登堡州农业环境计划项目信息

项目要点	相关信息
农业环境计划内容	草原面积增加，草原生态环境改善，包括禁止化学氮肥、减少牲畜密度、草场每年至少使用一次草场以防止自然演替
环境服务目标	减少氮污染，通过创建开放空间提高景观的多样性和质量，支持广泛放牧的畜牧农场
项目演进	自1992年以来，大约有12.5万 hm^2 的土地登记注册，相当于草原总面积的35%；1250名农民参与项目，即符合参与项目条件的农民人数的45%
持久性	5年（自愿）合同，通过综合行政和控制系统（IACS）进行监测，每年有5%的受益者由当局人员进行农场控制
补偿标准	170 美元/（hm^2·年）
分配效应	竞争力较低的家畜放牧农场得到额外的支持；农民接受度高，行政工作少，管理易于监控

生产—体化补偿是基于《联邦自然保护法》的影响缓解条例（IMR）发展起来的一种生态补偿机制。该机制遵循污染者付费的原则，针对粗放式经营的草原提供的一种补偿措施，即通过20～30年长期租赁协议，鼓励实行土地粗放经营，充分保障草原的可用性，同时促进非农业行为者为采取粗放经营的农民支付补偿，旨在永久性增强草原的自然平衡或者自然景观，减缓土地用途变化等问题。为了持续获得补偿资格，农民自愿直接与投资者、行政机构或作为中间人的第三方签订合同关系，基于土地利用保护原则，采取有利于环境保护的土地利用实践措施，取得环境信用后再出售给投资者（Druckenbrod et al.，2018）。其完全补偿自然保护等措施可以与欧盟共同农业政策（CAP）直接支付相兼容。在功能相关性方面，该机制是草原的最佳补偿方式，且充分发挥了农民的能动性，使农民以合作的方式参与补偿实践，降低了土地利用冲突（Sponagel et al.，2021）。

（二）草原生态补偿实践措施

1. 生态补偿的主要手段

德国进行农业生态补偿的主要手段是生态补贴，即对在农业生产活动中采取环境友好型生产方式的农户或者农场主给予一定的补贴，以激励他们保护生态环境的积极性。生态补贴计算的基础是以前的收入和采取农业环境保护措施所支出的费用。

农业环境计划对草原的生态补贴包括有机农业补贴和粗放型草场使用补贴两种类型，并且有着严格的条件。其中，有机农业补贴要求农场的所有生产活动必须全部按照有机农业的标准来进行，所有产品都要符合生态农业标准，并贴有机食品标签。粗放型草场使用补贴要求草场每公顷的载畜量不能超过 1.4 头大牲畜，最少不少于 0.3 头大牲畜；必须大幅度减少化肥和农药的使用，并且不能转变为耕地。

生产一体化补偿则是充分发挥市场机制作用，强调在政府引导监督下，由生态服务的提供者和受益者双方通过协商的方式就生态补偿直接进行交易。为此，在州级政府的主导下，德国建立了生态补偿指标交易市场，调动社会资本参与生态补偿指标供给，体现生态产品价值，在一定程度上缓解了政府生态保护修复的资金投入压力。社会资本生产的生态补偿指标纳入当地政府"生态账户"管理范畴，当地政府扮演市场监督者角色，负责跟踪生态指标用于生态补偿"抵扣"情况。目前，德国规定生态指标交易范围均限于州域范围内，目的是维持区域生态平衡。

2. 补偿方式和标准

草原生态补偿主要来自政府提供的直接补贴、生态转型补贴和其他补贴。直接补贴是对降低支付价格的补偿，包括常规补贴和特殊补贴两部分。常规补贴是按照土地面积来计算的，农民及农业企业只要按照相关规定实行有利于环境保护的生产方式，就可以享受补贴，标准为每公顷 300 欧元。特殊补贴是对在农业生产过程中对环境保护有特殊贡献的农民或者农业企业进行的一种补贴，如气候差、坡度大、保护动物等，根据实际的支出或者损失来补贴。而生态转型补贴是政府对由传统型经营向生态型经营转型的农场，以及对生态型农场实行生态经营维持给予的补贴，以弥补生态型农场因从事生态农业经营而减少的收入，保证生态农场的正常运营。

然而，具体补偿项目的补偿方式和标准也不尽相同。德国农业环境计划多采用以结果为导向的支付方式进行补偿，补偿金额直接与生态结果挂钩，通常协议时间为 5 年。例如，勃兰登堡州草原扩张以管理协议的形式实施，由农民自愿申请加入计划，承诺至少在 5 年内改变草地管理和牲畜密度。作为回报，他们会收到补偿额外成本和收入损失的款项。补偿标准为每年每公顷 120～130 欧元，为此勃兰登堡州每年草原扩张预算 2090 万美元，主要来源于欧盟（占预算的 50%～75%）、德国政府和勃兰登堡州（整个草原地区）。这种投入结构激励地方政府设计从其他来源获得比自身预算高比例的资金项目(表1-5)。

表1-5 德国萨克森州有关草原保护的农业环境计划

项目	内容描述	补偿
KULAP(2000—2006)	这是"环境友好型农业"计划的一部分,是基本的草原扩张计划,要求不使用化肥以及保护植物	102~204 欧元/hm²
NAK(2000—2006)	"自然保护和文化景观维持"项目,这是一个与KULAP类似的特定场地项目,但在6月15日或7月15日之后可以开展刈割	360~450 欧元/hm²
AUW(2006—2013)	一种基本的草原可持续利用方案,即不施用化肥和保护植物。允许在草地上刈割或进行放牧	102 欧元/hm²
AUW35(2006—2013)	禁止施用化肥和植物保护,并限制在6月15日之前或9月15日之后刈割,同时允许放牧绵羊和山羊,但对放牧密度有所限制	350~373 欧元/hm²

生产一体化补偿机制则是以市场交易为主。农民是主要参与者,买家有义务为保护措施提供资金,以实现无净损失政策目标。作为一种具有长期影响的补偿机制,生产一体化补偿通常签署20~30年的合同,这意味着农民必须长期保持所承诺的土地利用方式。例如,北莱茵-威斯特法伦州的采矿项目利用PIC政策,由矿产资源工业私营公司通过在田间带推广可耕种的野生草本植物,持续在25年内大规模种植野生草本植物。投资者和农民之间的管理协议界定了管理术语,投资者和地区行政当局签订合同,确保生态补偿资金到位,实现补偿目标。

3. 补偿程序

草原生态补偿在耕地生态补偿制度框架下,由政府统一管理。农民在自愿的基础上网上提交申请,然后由地方行业协会指导申请补偿的农户或者农业企业对土壤背景值、TN、TP等指标进行检测。检测取样的规则为每2hm²抽取1个样本,每个样本(包括氮、磷、钾等)收取12~15欧元检测费。检测每3年进行1次。之后,政府委托地方农业行业协会具体负责对申请补偿农户或者农业企业的检测进行评估,并出具检测报告。对于检测合格的农户或者农业企业,报州农业部门审批。最后经州农业部门审批通过后,对合格的农户或者农业企业由相应的补偿主体按照有关标准进行补偿(郭贯成等,2021)。

(三)草原生态补偿的监督管理

德国强调生态补偿项目的监督管理,且不同生态补偿项目的监管方式各有不同,具有不同的特点。

农业环境计划项目由于多采用基于结果的支付方式,因此通常采取事前评估和事后评价相结合的方式。在项目实施前,由政府部门、农民联盟和独立研究机构的代表经多次会议和磋商，提出并修改农业环境项目实施计划。农民通常不能直接参与这一过程，但可以对农业环境计划项目实施方案和当局的建议提出异议。项目实施后，通过比较实施前后的状况，评估项目实施的成效。并基于评估结果支付补偿。为了更好地开展评估，实现补偿机制的政策目标，德国政府已经在全国范围内通过地理信息系统、全球定位系统和遥感技术，来获得基础信息，包括通过遥感技术和地理信息系统，完成土地面积、自然环境等数据采集、贮存、分析和加工；应用卫星系统实现土地资源管理、规划和作物测产等，为制定农业补贴政策和土地利用规划提供可靠的技术保证和数据支撑。此外，还启用了IACS监控体系，监控所有获得欧盟补贴和补偿的草原。要求农户直接提供土地利用相关数据，特别是需要在土地信息系统中使用航拍照片标明草原的边界。鉴于生态效应特别难以证明，主要根据产出指标(如覆盖度、地上生产力)来开展评价，且聘请独立的研究机构进行评估。

生产一体化补偿项目则是强调持续监测和监管，以保证投资者的利益。因此，强调各方加强监管，保证土地的粗放经营，减少土地管理成本。首先，开展最严格的登记管理。为了确保生产一体化补偿机制下草原土地利用不变化，德国采用最高安全级别的土地征用和土地登记条目，同时由自然保护管理局指派一名植物学家进行实地监测，由投资者支付报酬。其次，相关政府和非政府组织构建了相应的监管网络，对生产一体化补偿项目的成本价格、农业结构、网站维护、补偿支付进行监管，从而降低交易成本。

相较于农业环境计划补偿项目的监测，生产一体化补偿项目的监测成本较高。究其原因，主要有两点：一是生产一体化补偿项目是多年持续实施。项目不执行的风险很高，需要采取保障措施。因此，有必要在项目实施期间开展全周期持续监控。二是监测工作量大。需要根据事先知情同意的原则，开展现地核查，核实所商定的管理措施是否得到有效实施。针对物种和一般立地条件的监测评估方法往往过程复杂而且耗时(Druckenbrod et al.，2018)。

（四）草原生态补偿效率

德国实施的各类生态补偿项目，具有不同的优劣势，在生态补偿效率方面差别明显。总体而言，在草原保护方面，取得了一定的成效，在改善水质、保护野生动物及其生境、遏制草原用途改变方面取得了良好的成效(Tzemi et al.，2022；Sponagel et al.，2021)，但并未完全达到预期目标。

其中，农业环境生态补偿项目在实施过程中存在选择性效应，具有规模经济、相对较低的交易成本等特点，更适合对大型农牧场进行补偿。这是因为大型牧场的收益相对高，能够负担得起土地登记相关措施带来的费用。相对而言，拥有小面积草场的农民往往年龄更大、受教育程度低且经营资金不足，对补偿措施要求的了解程度都较低，因此对生态补偿措施的反应也较慢。从项目实施成效来看，加入农业环境生态补偿项目的农民为了获得额外的收入，在机会成本等因素的影响下，倾向于进入低生产力地区，同时加强对高生产力潜力地区的管理，导致农民通常在边缘、难以耕作的地区增加草原面积，并不愿投入太多维持开放景观。同时，由于补偿项目属于自愿参加，一旦合同到期，农民就无法继续获得资金增加草原面积，因此相关草原保护和维护活动不能得到长期保障，也无法保证其长期的保护效果。

生产一体化补偿项目由于是私营部门和农民的直接交易，实质上是通过为农民提供补偿持续维护野生植被，并因此取得环境信用，从而增加投资企业的生态账户盈余。补偿项目通过生态补偿的支付方式，利用私营部门生产利润盈余，为农民提供新的、长期的、可计算的收入，使农民能长期开展植被维护工作，但是从自然保护的角度来看，措施不一定会创造一个稳定的栖息地或生态系统，且草原是否适用于开展补偿也是一个挑战。同时，生产一体化补偿周期较长，农民是否满足生态补偿支付的相关要求以及用于保育的草原其长期可用性是具有挑战性的。从生态补偿合同实施的持久性和灵活性的角度来看，签订长期合同是补偿项目长期实施的重要保障，然而由此而来的长期管理和可持续监测带来了高昂费用。此外，生产一体化生态补偿不是法定的、强制性的补偿机制，而是由不同机构共同发起的自愿性框架。德国大多数联邦州是鼓励农民自愿、直接与投资者、行政机构或作为中间人的第三方签订合同关系，不具有法律约束力。

四、加拿大

北美中部草原区覆盖了北美大陆将近 1/5 的面积，占全球草原面积的 7%～10%。大草原自北向南覆盖了北美生态区的大规模土地，形成了一个相对连续的区域，面积约 410 万 km²。中部草原区横跨加拿大哥伦比亚不列颠省、艾伯塔省、萨斯喀彻温省和曼尼托巴省，孕育了丰富的动植物群落。由于农业扩张和集约化经营，加拿大草场的结构在过去一个世纪发生了巨大变化（Kissinger et al.，2009）。在草原三省，艾伯塔省尚存 43% 的原生草原，萨斯喀彻温省和曼尼托巴省的混合草原面积不到原先的 20%，曼尼托巴省高草面积不足原来的 1%（Nernberget al.，2005）。大部分残存草原生境恶劣、遭受破碎化、长期闲置，灌木、乔木和外来物种的入侵，呈现不同程度的退化，草场退化问题日益严峻，许多动植物演变为稀有和濒危物种。

（一）草原生态补偿政策措施

1. 联邦政策措施

加拿大草原集中在三个草原省，因此主要实行属地管理，由州政府负责保护利用相关管理工作。联邦政府主要发挥政策引导作用，早在20世纪30年代就实施了社区牧场项目，由联邦政府出面将因旱灾遭受严重侵蚀的土地修复成草场。

近年来，加拿大加强了气候变化下的草原环境保护工作，特别在2022年12月出台了《绿色草场经济建设法》，要求各层级、各部门、各利益相关方紧密合作，促进中央和省政府的合作，整合各类联邦补偿项目，加强对草原地区的战略投资，促进草原地区经济发展绿色化。据此，2023年12月制定了《绿色草场经济建设框架》，提出相关标准体系，推行基于科学和标准原则的建设方法。为了促进法律及框架的实施，加拿大草场经济发展局在今后3年内将提供1亿加元，支持草原地区绿色经济发展，加强自然资源利用，发展生态型农业和制造业，扩大清洁电力生产利用，促进社区发展以及包容性经济发展。

2. 省级政策措施

为了保护草原，提高地表永久种植植物的覆盖度，加拿大以省为单位，因地制宜制定耕地补偿项目和配套补偿方案。在法律制定方面，艾伯塔省于1938年通过《特殊地区法》，允许省政府出租回收土地和皇家土地，开展土地恢复项目，以保护特别地区中60%的原生草原。在具体措施方面，自1988年以来实施草地永久性覆盖项目(Permanent Cover Program，PCP)和草原保护行动计划(Prairie Conservation Action Plan，PCAP)开展生态补偿，并制定出台相关规定。

PCP项目是由政府主导的一个生态补偿机制，通过为土地所有者提供一次性补偿，将低质量的耕地转变为覆盖有多年生植物的草地，土地所有者必须承诺在10年或20年内保持植被永久覆盖，且可以用外来草种恢复草地，但被允许利用土地上收获的干草，用作饲草或牧草(McMaster et al.，2001)。

PCAP是一种由生产者主导、多方利益相关者资助的原生草原保护市场补偿机制(Nernberg et al.，2005)。最初是由世界野生动物基金会加拿大办公室于1988年设计启动，旨在通过促进不同利益相关方和合作伙伴之间的合作，保护和管理原生草原和公园物种、社区和栖息地。自1998年以来，PCAP得到3个草原省的政策支持，并在政府、非政府、私营部门及生产者的共同参与下，成为加拿大最重要的生态补偿机制。

由于3个草原省草原状况、经济发展、关注重点各不相同，与草原保护相关的问题也有所不同，因此三省的PCAP项目实施情况、实施目标和优先领域各有不同。艾伯塔省是最早实施PCAP行动计划的草原省，从1988年开始已执行了

33 年，重点关注生物多样性和景观。其中，第 7 个 PCAP 行动计划（2021—2025 年）提出了进一步调查评估生物多样性、促进草原保护对话以分享知识、完善原生草原及其生态系统的管理三个战略行动，其目标是在大尺度上保持原生草原及其景观、保护生物多样性廊道以及保护原生草原栖息地，最终实现保护原生草原生态系统的生物多样性目标。萨斯喀彻温省自 1998 年开始，每 5 年修订一次 PCAP 行动计划，现已修订了 5 次，强调草原保护、草原文化和草原生产的和谐发展。其中，《PCAP 行动计划（2019—2023 年）》的目标是开展具有创新性和关键性的草原保护活动，保持原生草原的健康状态，尊重自然和人文价值，大力支持可持续畜牧业生产和工作景观，造福于萨斯喀彻温省的社会、文化、经济和生态结构。曼尼托巴省的 PCAP 行动计划更关注草原生态系统健康恢复、维护及草原经济活动的协同开展，强调通过生态补偿，恢复和维护草原生态系统的健康状况，促进草原相关的经济活动，以可持续的方式从草原获得经济效益。

（二）草原生态补偿项目实施措施

1. PCP 项目实施措施

加拿大草地永久覆盖计划（PCP）项目对休耕因长期耕作导致土壤腐蚀、退化的耕地或鼓励种植多年生植被恢复草地提供生态补偿，但在生态补偿主体、对象、方式和资金来源都呈现动态实施态势，针对不同情景采取不同的补偿方式。

在耕地休耕的生态补偿方式上，加拿大主要采取直接支付补偿资金、减免税收、完善基础设施等补偿措施，同时还实施自愿农地环境计划，鼓励农户利用科学的管理方法和手段转变农业生产方式，变输血补偿为造血补偿。

加拿大政府作为补贴主体不仅积极拓宽融资渠道，还协调多方社会力量切实提供补偿。各级政府针对不同类型的土地利用方式，制定不同的补偿标准。例如，在种植作物时，若残留作物覆盖率达到 30% 以上，农户每年每英亩可以得到 30 加元的补贴；覆盖率在 20%～30%，则给予 20 加元的补贴。补贴面积为农户上年耕种面积的 30%，但最多不超过 100 英亩。在新不伦瑞克省，还针对减少水土流失与增加土壤有机质的土壤保护项目提供补贴，即施用绿色肥料每英亩补贴 50 加元。

2. PCAP 项目实施措施

加拿大草原三省的 PCAP 项目主题和目标各有不同，在实施措施方面也各具特点（Nernberg et al.，2005）。

（1）萨斯喀彻温省　萨斯喀彻温省采用合作伙伴共同管理模式管理 PCAP 项目，且由萨斯喀彻温省家畜种植者协会（The Saskatchewan Stock Growers Association）具体管理实施。

在实施机制方面，为促进 PCAP 项目实施，建立了由指导委员会、执行委员会、主席和总经理构成的管理体系。其中，指导委员会负责 PCAP 项目活动的总体指导，由各个合作伙伴组织的代表组成，每年举行三次会议，批准和设定下一年的工作方向，并且每 5 年审查和更新 PCAP 项目五年发展框架，确定 PCAP 项目的重点领域及可预期、可衡量的成果。执行委员会负责监督业务和运营事务，由 PCAP 主席和 4~5 名合伙人代表组成；主席负责召集和主持执行委员会会议以及对外沟通和联络，通常由萨斯喀彻温省家畜种植者协会担任；总经理负责项目年度工作计划编制、工作计划指导沟通、方案执行等工作，确定可衡量的短期成果和项目执行时间表。此外，指导办公室和项目经理负责促进 PCAP 合作伙伴的协调以及教育推广计划及其材料的制定。

补偿资金主要来源于合作伙伴及企业赞助商，包括资金和实物支持。其中，萨斯喀彻温省湿地保护公司（SWCC）将农业、工业和野生动物保护与土地利用规划联系起来，为湿地、原生草原和河岸生境项目提供资金。萨斯喀彻温省自然组织通过管理和提供地役权，提供生态补偿，加强濒危物种及其栖息地的保护。萨斯喀彻温省本地植物学会（NPSS）在开发自然草原保护和评价的关键资源材料方面发挥了重要作用，致力于制定指导政策。萨斯喀彻温省野生动物联合会（SWF）由主权财富基金提供栖息地信托计划，通过生态补偿保护了超过 2 万 hm² 的草原和白杨公园栖息地，其中天然栖息地超过 90%。萨斯喀彻温省环境部门通过构建代表地区网络（RAN），利用鱼类和野生动物发展基金，将 510 万 hm² 具有重要生态意义的土地纳入 RAN 网络，并且保护了 4.5 万 hm² 的野生动物栖息地。

（2）艾伯塔省 艾伯塔 PCAP 项目由草原保护论坛（The Prairie Conservation Forum，PCF）牵头实施，主要是促进 PCF 董事会和论坛成员参与生态补偿保护活动。

在实施机制方面，草原保护论坛每年举行三次会议，其中每年 1 月举办的 PCF 成员周年大会负责审议批准 PCF 年度报告和下一年的工作计划。同时，建立了休会期的工作机制。其中，PCF 董事会负责监督和促进 PCAP 项目的实施，同时负责年度工作计划的制订。常设委员会支持 PCF 制订中长期 PCAP 项目规划和年度工作计划，确定优先事项、业务活动并负责实施计划。针对既定的任务，建立工作组推进工作，定期向董事会汇报工作组的活动和进展（Prairie Conservation Forum，2021）。

PCF 重视合作伙伴关系的建设及宣传教育的作用。PCF 不但鼓励会员充分参与工作计划的制订，而且与会员机构合作开展 PCAP 项目。例如，艾伯塔省渔猎协会作为 PCF 重要会员，自 1989 年起开始实施草原社区（OGC）项目，通过与 220 位土地所有者合作实施 PCAP 项目，保护了 2.3 万 hm² 的原生草原，加强草原栖息地和野生动物保护，特别是濒危物种保护。南艾伯塔省土地信托协会（SALTS）通过 PCAP 项目帮助牧场主保持其牧场景观，抵御城市发展带来的压力。同时，PCF 与矿油气生产商及其监管机构建立合作伙伴关系，通过 PCAP 项目提供生态补偿资金，减少生产活动对原生草原的影响。在教育宣传方面，PCF 及其工作组出版了多种出版物和面向公众的宣传材料，同时每年推出年度报告，汇集 PCF 取得的成果，确定来年工作重点。

（3）曼尼托巴省 曼尼托巴省主要由栖息地遗产公司（MHHC）负责推行 PCAP 项目。该公司以公司化运营的方式，利用草原保护相关资金，针对土地所有者积极开展保护地役权和土地购买相关工作，保护仅存的集中于红河河谷下游的高草草原和西南部的混合草原。

该省主要通过土地所有者计划来开展 PCAP 项目，即鼓励合作伙伴与土地所有者合作，在混合草原和高草草原生态区开展生境调查和评估，进行轮牧示范工作，参与火灾管理，以实现原生草原保护修复、植被覆盖最大化、减少入侵物种等目标。在具体补偿方式方面，土地征用管理是高草草原地区开展生态补偿的主要方式，而混合草原地区是主要依赖保护地役权和管理协议来开展生态补偿。

（三）草原生态补偿效率评价

加拿大通过 PCP 项目和 PCAP 项目这两大类生态补偿项目，汇集联邦和草原三省的草原保护力量，共同保护加拿大仅存的原生草原，成效显著。

1. PCP 项目补偿效率评价

PCP 项目作为联邦政府实施的生态补偿项目，由加拿大农业和农业食品部下设的草原农场重建管理局（PFRA）负责监督管理。PFRA 管理着草原三省的相当部分原生草原，将这些草原作为联邦牧场，保证放牧和生物多样性保护工作协同开展。定期开展草原资源调查，评估草原面积、草原健康等情况，监测草原的状况和使用情况。同时，与省相关机构合作，开展草原生态补偿项目工作的监督管理，特别是加拿大草地永久覆盖计划的实施。

这种方式保障了 PCP 项目的有效实施。通过生态补偿措施，PCP 项目减少了具有高侵蚀风险的边际耕地的土壤退化，同时由于采取可持续经营、轮牧、禁牧等措施，项目实施区通常草原植被较高、植被密度较大，裸地较少，为大量鸟类提供了高质量的栖息地，其营养结构和鸟类群落组成明显高于非项目区，鸟类物种丰富度高于农田。其中 10 种常见草原鸟类中有 9 种出现频率高于农田。此外，PCP 项目也为土地所有者带来了更多的经济收入，这些土地所有者受益于直接补贴、项目资金支持等补偿方式，通过保护草原获得了多种收入来源。

然而，PCP 项目合同期限较长，通常超过 10 年，且土地利用的机制并不十分灵活,土地所有者加入项目的积极性不是很高。例如,萨斯喀彻温省有较多土地所有者不希望政府参与土地管理,拒绝自上而下的指挥和控制政策。特别是在2014年针对艾草松鸡出台了联邦紧急保护令之后,土地所有者对地役权等生态保护形式充满了质疑。在此影响下,土地所有者一直倡导地方在土地管理决策方面拥有自治权,更愿意与非政府组织合作实现保护目标。非政府组织,特别是那些促进基层参与和地方自治的非政府组织逐渐成为草原保护行动和土地管理者之间的协调人,支持政府机构开展草原保护。

2. PCAP 项目补偿效率评价

由于 PCAP 项目是由各省推行的自愿性草原生态补偿项目,因此其监督管理由各省相关部门负责。例如,在萨斯喀彻温省,PCAP 项目监督检查由省农业、食品和乡村振兴局负责,而半干旱草原农业研究站具体负责开展原生牧草、放牧系统和种植原生混合料等放牧试验研究,根据 PCAP 项目设置保护地役权,将具有生态价值的草原保护起来。萨斯喀彻温省本地植物学会(NPSS)则为原生草原保护评价指标的制定提供技术支撑。

这种机制克服了 PCP 项目自上而下管理方式带来的负面影响,也是 PCAP 项目更为广泛和成功的原因。在这种机制下,利用不同合作伙伴的力量,将零散的土地所有者集合起来,协商一致开展草原保护工作,促进当地草原利益相关者之间的沟通,有利于建立牢固的信任基础,从而加强合作与协调,实现生态补偿项目规模化开展,降低管理成本。作为自愿性的生态补偿项目,PCAP 项目最大的成果就是通过论坛、圆桌会议等形式,将草原利益方作为合作伙伴,实现决策过程民主化、资金来源多元性,共同为草原保护提供支持,同时为草原保护合作伙伴提供协调和沟通,促进草原保护计划的实施。例如,艾伯塔省持续 33 年实施 PCAP 计划,通过各级政府和私人土地所有者共同规划、决策和管理原生草原,保持原生草原和公园景观的完整性及其中的原生栖息地,构建了生物多样性保护生态廊道。

第二章
国外草原生态监测和恢复

草原调查监测是掌握草原资源分布、利用、管理与发展的基本措施，主要服务于草原生态系统的利用和管理，为草原生态系统可持续发展提供基本有效的参考依据（常生华等，2023），是保护草原生物多样性、减缓气候变化的重要手段。我国草原监测历时 70 年，而近 30 年进入高速发展期，当前我国草原家底和利用程度基本摸清，但关于草原监测的连续性、完整性和系统性等还需提升，且我国草原生态及生物多样性监测才刚刚起步。国外草原监测工作已有上百年历史，部分发达国家高度重视草原野生动植物栖息地、植被群落演变等生态监测，同时已经开始以数字化管理技术为切入点，利用遥感技术手段进行草原生物量监测预报及生物多样性、气候变化相关生态监测预报，为草原资源的合理利用和调控提供科学依据（刘欣超等，2022）。相关经验对完善我国草原信息服务体系和推动我国草原畜牧业现代化、产业化进程具有重要意义。

一、美国

草原曾经是北美分布最广的生态系统，然而目前却是最濒危的生态系统之一。美国草原面临两大风险：美国中西部大平原的草原自殖民时期起一直被改为农田；原生草原受到外来物种的威胁。因此，保护原生草原或残遗草原迫在眉睫，而草原监测和修复是最重要的草原保护途径。

（一）草原监测体系发展历程及现状

美国草原监测起步较早，起步于 1887 年颁布的《哈奇法案》，以土壤和水资源利用监测为主。20 世纪 20~30 年代由于草原过度利用带来的草原退化沙化现象，使得人们日益关注草原监测（常生华等，2023）。由于最初就专注自然生态环境监测，因此美国草原监测更强调对草原生态系统利用、保护和建设的支持，在草原生态监测体系构建与运行、草原生态监测法规建设、草原监测基础设施建设等方面积累了丰富的政策和技术经验。

美国草原生态监测体系正式成立于 20 世纪 70 年代。1978 年出台的《公共草地改良法》构建了国家草原调查监测体系，确立了调查监测和草地评价的基本制度。该体系在联邦政府农业部、内政部、环保局相互配合下开展，监测结果直接汇交美国农业部数据库，相关部门可以运用监测数据进行草原管理决策。根据法案的要求，美国按草原资源分布，在全国重点监测区设置 4 万个固定监测样地，每年通过地面调查和遥感技术，监测气象、生产力、生态环境等信息。

美国国家草原资源调查监测项目始于 1977 年，由美国农业部负责实施，每五年对草地覆盖度、利用方式、草地土壤碳含量等进行一次调查监测，自 2000 年始变为每年监测一次。根据《美国林务局应对气候变化战略框架》(2008 年) 与《应对气候变化国家方案》(2010 年)，美国将草地生态服务功能纳入草地监测，并在 2015 年根据温室气体减排方案，加强对草地温室气体监测和草原健康管理。

经过 100 多年的发展完善，美国逐渐形成了较为完整的监测和信息化管理的结构体系。由联邦政府统一负责草原监测体系的管理和运行，提供资金、技术和设备等方面的支持。目前，美国渔业和野生动物管理局、农业部、林务局等草原管理部门在全国设置实验台站，负责实地观测、收集数据、整理上传监测数据，内容涉及气象信息、生产力信息、地面生态环境监测信息(包括牧草高度、草原植被盖度、草原植被多样性、枯落物量、土壤紧实度、土壤侵蚀等)、野生动植物及其生境监测数据、草原碳汇监测等。

（二）草原植被修复监测技术指南

在开展草原修复时，通过增加面积、提高物种出现频度等方式，可以形成理想的植物群落，但修复时间的长短取决于天气和土壤类型。在正常的管理活动中，监测使农场主能及早发现问题，并调整管理措施，从而改善牧场状况。虽然可以从许多方面监测草原修复结果，但是草原植被是修复种植的直接结果，是实现其他保护目标的基础，是大多数草原管理的重点领域，因此对草原植物群落开展监测，有助于获得更具指标性的结果。美国在草原监测中非常重视监测技术指导，为了保证草原修复工作成功开展，草原管理部门与相关科研机构合作，采取多种方式，付出大量财力、人力等资源，将草原植被作为一个重要指标，制定《草原植被修复监测框架协议》，帮助草原管理人员与相关利益方针对草原植被开展监测，及时了解草原修复出现的问题并加以解决，以指导各类草原地区开展草原修复工作，特别是天然草原中不同植物群落的修复。同时支持草原管理数据库的建设，促进土地管理者及相关从业人员系统记录修复草原的特征、历史、种质组合、种植方法和现行管理措施，以更好地了解这些因素如何影响草原修复结果。监测框架协议主要包括目标、方法和报告三个方面。

1. 确定目标

植被监测是客观评价草原修复成功与否的必要条件。它使人们能够记录结果，并结合种植和管理数据，帮助人们确定草原修复时最重要的影响因素，帮助从业人员确定修复趋势，从而指导管理决策。针对草原修复，框架协议提出应实现两个目标：

一是管理目标。草原修复人员应利用框架协议，明确提出能实现的植被修复目标。在采用框架协议之前，应明确草原修复的具体管理目标，以保证监测方式能满足修复需求。为此，草原修复倡议咨询组定义了草原重建相关目标。草原修复的基本目标是重建健康的大草原，而方法目标则是使修复草原的植物群落与残遗植物群落具有相似的结构和功能。

二是抽样目标。在确定管理目标之后，应确定抽样目标及具体采取的措施，测量草原修复措施是否有助于实现植被资源恢复目标。为此，应针对每个方法目标确定可量化的指标。这些指标作为监测的重要内容，能评估和推断草原修复项目可能产生的结果。

2. 提出监测方法

没有一种方法可以独自完成所有草原监测任务，因此草原框架协议提出了两种草原修复监测方法，即详细地面监测和抽样概略样方监测（表 2-1）。

根据监测框架协议，详细地面监测通过记录修复区在特定年份及各修复阶段的所有植物种类，对播种了不同草种的地区进行跟踪观察。监测人员可针对样地和横断面进行详细的地面监测，尽可能完成植物物种清单，同时了解外来或入侵物种所带来的威胁。而抽样概略样方监测则是为监测人员提供网格化的系统框架，通过提供数量数据，帮助监测人员对不同地区不同时间阶段的植物物种进行比较，同时可以计算多样性和均匀度，从而对播种不同草种地区的植物物种出现频度进行评估。其测量的主要指标包括各个样方中的物种和各个物种生活的最小样方。

详细地面监测法可帮助完成特定地点的最完整的物种列表，缺点是不利于开展时空比较。其主要作用是可以尽早发现草原修复中出现的问题，并及时确定草原修复成果。例如，植物丰度是多样性平衡的指标，且能提醒土地管理者预期草原修复是否到达特定阶段，或关注到不希望出现的特定物种已成为优势物种等问题。抽样概略样方监测为比较草原修复在不同阶段或在不同时间段的差异性提供了定量数据，并允许对多样性、均匀度等指标进行计算。在使用这个方法时，避免使用面积估算，这是因为不同调查人在不同季节对该指标的计算结果差异较大。任何基于样方的方法都存在一个问题，即有些物种不可避免地会被忽略，因为样方只占了某一区域的一小部分。

表 2-1　详细地面监测法和抽样概略样方监测法比较结果

关注的问题	详细地面监测法	抽样概略样方监测法
是否利用乡土草种进行修复？是否是人工种植？	能较为全面地监测到所使用的草种，且能与人工种植的草种进行比较	由于采样的系统性，且采样区域占监测区域的一小部分，因此只能监测到部分草种
入侵物种带来的威胁	有很大可能性在外来物种入侵之初就能监测到	在外来物种入侵之初能偶然发现，且只有样方内有此物种才能够监测到
物种分布点位在不同时间段的差异	基于对植物丰度的主观观察获得数据，能发现大的差异，但不能发现细微差异。不同监测人员对植物丰度具有不同的判断	根据统计数据，比较每年测量到的植物出现频度
物种组合（如外来与本土物种）在不同时间的丰度比例	对该问题监测结果的精度较低	随着时间变化，监测分析的有用性会提高
物种组合（外来与本土）在不同时间中的物种丰富度比例	物种监测结果更完备，可以更好地比较不同物种组合之间的物种丰富度	对目标物种组合可以制作出物种累积曲线
栽培草在不同生长阶段和时间段的植物区系质量	可以对任何年份的 FQI、CofC 均值等植物区系质量相关指标进行计算，或对不同年份的值进行比较	可以对任何年份的 FQI、CofC 均值等植物区系质量相关指标进行计算或对不同年份样方中的草种进行比较
栽培草的丰富度、均匀度和多样性	假设在指定生境开展全面详细的地面监测，能对该生境多年的草种丰富度进行比较。然而，由于不同生境的面积不同，不能对不同生境的草种丰富度进行比较	能计算丰富度、均匀度和多样性的值；能制作草种-样地曲线，以更好地估算丰富度
在利用混合草种的干燥、中湿和湿润区域中，部分草种是否可能比其他草种生长得更好？	根据土壤含水量，分级进行详细的地面监测，这样可以比较在具有不同含水率的土壤中播种草种的生长状况	根据土壤含水率，分级确定嵌套样方。能使用统计模型，比较不同土壤含水率，或者利用多元统计数据技术，将具有不同土壤含水率的地方的植物群落组成进行可视化

　　应该注意到，这两种方法是互补的。草原修复项目可同时采用这两种方法进行监测。详细地面监测需要更频繁（最好是每年）地开展，而抽样概略样方监测可以在更长的时间间隔内完成。这两种方法都依赖于调查人员具有良好的植物学背景。同时，这两种方法都可以与监测结果数据库一起使用。当结合被监测地的历史、特征、草种和管理数据时，植物区系监测数据将帮助管理人员了解修复措施是否有利于草原植被修复。为此，该监测框架协议还针对采样、数据收集与处理、数据管理与分析三个方面制定了具体的工作和程序要求。

3. 生成监测报告

当草原植被修复监测开始时，监测项目管理人员应利用相关工具，在草原管理数据库中逐步提交项目进展报告。在监测结束时，草原管理数据库自动生成简要监测报告。对于不使用数据库的人员，则可以自行生成报告，报告格式与数据库自动生成的报告相似。

简要监测报告分为两类，即管理数据库报告和监测报告。管理数据库报告主要包括监测地总体报告和数据总结报告两个部分。监测地总体报告主要是总结修复区的特点、所种植的草种、种植方法和时间及不同年份的管理措施。该报告可作为年度管理规划工具，可根据使用者的需求由数据库自动生成或由数据管理人员提供。数据总结报告则是提供修复区总数、从各方面获得的监测数据量、修复区地理分布及相关机构类型等数据。该报告可帮助了解在不同修复区参与修复工作的利益相关方以及修复草原的类型。监测总体报告在每年冬天生成，而数据总结报告则是每两年生成一次。

正式监测报告则包括修复区报告和数据总结报告，其中修复区报告又分为详细地面监测报告和抽样概略样方监测报告。修复区详细地面监测报告包括物种清单、发现各物种的样本段、类型丰度和各物种在各样本段分布情况及数据分析结果，从而帮助跟踪新物种、恢复物种及物种丰富度变化情况。修复区抽样概略样方监测报告包括监测到的物种清单及数据分析结果，可帮助对不同时间和不同监测点的监测结果进行比较分析。数据总结报告其实是数据分析总结报告，应在监测结束时出具。各个监测点的数据报告可以帮助草原管理人员更广泛地监测草原植被修复情况，同时能帮助开发设计相关科研项目，以进一步促进草原修复监测管理。

一般而言，监测地总体报告和修复区报告可根据用户的要求生成并提供。草原管理数据库管理员可以告知相关联系人这两个报告是否可以出具，同时可以在联系人同意的情况下，向更多利益方分享报告。数据总结报告可以向所有利益相关方公布，但前提是不得包含个人信息。对于不使用数据库的相关方，则可以自行发布和管理监测报告。

（三）草原监测实践

1. 草原鸟类监测

鸟类监测是美国草原监测的重要内容，以监测种群及其生境为主。这是因为鸟类是草原地区生态系统的一个重要组成部分，其体温高、新陈代谢快和飞行特征使它们成为衡量当地和区域生态系统变化的良好指标，同时鸟类对环境变化非常敏感，被认为是理想的生物指示物种（bio-indicator）。因此，对鸟类开展监测至关重要。在美国高草草原国家保护区内，鸟类监测是一个重要监测内容。

（1）**监测目标及方法**　高草草原国家保护区的鸟类群落监测主要实现两个目标：①记录物种相对丰度的时间序列变化，以及记录在繁殖季节出现的鸟类群落物种组成和丰度的显著变化时间；②通过研究特定栖息地变量（如植被结构、草原修复、草原火灾等）变化与鸟类种群之间的潜在关联性，提高对鸟类繁殖与鸟类栖息地之间关系的理解。

保护区主要采用鸟类群落组成和物种丰度作为长期监测指标，对鸟类开展监测，即基于生态系统完整性对保护区生态系统进行评估，对提升保护区管理起到了积极的作用。生态系统完整性是指生态系统在特定地理区域内的最优状态，在这种状态下，生态系统结构、功能和进程不受人类威胁和损害，在自然变化范围之内并保持良性循环。

鸟类监测通过在保护区内建立永久监测点进行。监测过程中，把保护区划分成 242 块草地和 18 个河岸地块，沿着西北到东南方向的横断面依次对地块进行编号。对监测点的鸟类调查采用可变环形图计数法。这是一种点式计数方法，可以获得所有鸟类的"即时计数"数据，同时结合探索性调查方法，对所有采样地的鸟类均进行 5min 记录，主要记录它们在监测期间的活动以及开展鸟类行为观察的适宜距离。

在对保护区进行鸟类监测时，主要是将每只鸟作为单独观察个体进行监测和记录；对于通常以群落出现的鸟类，则以群落作为观察记录的单位。观察人员使用 GPS 在地块之间穿梭时，需充分注意到在调查中是否遗漏了一些鸟类物种。如果有，应通过识别、鉴定并及时补充遗漏鸟类物种的相关数据。这有助于保护区制定更加完整的生物物种清单。

（2）**监测结果**　监测结果发现，保护区的栖息地能够满足大部分鸟类物种生存的需求。然而，受火灾风险因素的潜在影响，鸟类物种丰富且稳定的群落结构可能会被改变；植被管理决策应考虑其对鸟类栖息地的潜在影响，特别是对那些被划定为"优先保护鸟类"的影响。例如，在缺乏合适栖息地的情况下，美洲红翼鸫的数量呈显著下降趋势。

作为高草草原国家保护区长期监测工作的组成部分，鸟类群落监测工作随着科学技术进步、管理理念变化，不断做出相应变化。这些监测数据可以为行业决策者、技术人员、管理人员及关注保护区生态环境的人士提供数据共享，不断提升保护区自然资源管理能力。

2. 水生无脊椎动物监测

草原上的溪流由于城市开发和农业活动，很多已经永久消失或间歇性断流。即使高草草原国家保护区内的溪流及其流域在很大程度上受到保护，但它们仍然容易受到人类干扰。同时，草原地区碎片化严重，面积不够大，不足以支持溪流的正常生态功能。鉴于高草草原溪流持续面临着人为威胁，了解其生态状况变得极为重要，而对溪流生物群落开展定期监测将有助于发现人类干扰及其相关影响。由于生长在此的水生无脊椎动物种群成为濒危生物种群之一，实时监测成为美国国家公园管理局和保护区管理层的重要工作。

（1）**监测目标和方法**　水生无脊椎动物是了解监测溪流生态系统完整性及其变化的重要指标，在通过传统水质监测无法检测的情况下可以用来反映累积水环境影响。水生系统中无脊椎动物物种的多样性，可以显示对不同环境压力源的相关反应。具体监测目标是确定水生无脊椎动物物种多样性、丰度和群落指标的现状和趋势；通过种群丰度、多样性相关指标的量化与分类，评估环境因子对河流水生无脊椎动物群落结构的影响。

水生无脊椎动物对流域内可能发生的各种影响都很敏感，如化学成分（包括金属）的变化、水文条件改变、沙土沉积和河岸侵蚀、土地利用等，而且信息数据比较容易收集。在保护区内的帕尔默溪和福克斯溪对水质和无脊椎动物群落结构进行动态监测。在水质数据与无脊椎动物样本收集中，根据《堪萨斯州草原溪流水生生物标准》，使用经过校准的 YSI 6920 或 YSI 6600 数据记录器来收集水质数据，同时利用瑟伯溪底采样器来收集水生无脊椎动物生物样本。

（2）**监测结果**　通过监测发现，帕尔默溪和福克斯溪两条溪流都被列为中等优先级。其中，帕尔默溪受人为干扰较小，而位于保护区上游的福克斯溪流域，人为干扰因素较大，间歇性河流是其主要的季节性压力源。帕尔默溪和福克斯溪的水质符合《堪萨斯州草原溪流水生生物标准》。水生无脊椎动物指标与其他地区溪流观察到的指标基本相当。这表明帕尔默溪和福克斯溪的数据属于该地区的正常范围。

尽管现有数据的完整性仍需持续改进，但对帕尔默溪和福克斯溪水质和水生无脊椎动物群落开展持续监测，将会为保护区资源管理提供相关科学依据。

二、加拿大

加拿大"草原三省"主要面临农田开垦及牧场结构单一化的饲草播种快速发展导致当地原生草原迅速退化、外来物种入侵风险、野生物种栖息地破坏、草原土地权属复杂引发的资源管理困难等问题（Kraus et al.，2021）。在此背景下，加拿大加大了对草原资源的监测和保护建立了三级草原监测管理架构。在联邦层面围绕国家公园体系，建立"生态完整性"指标体系，对草原生态环境进行监测，支持草原修复。在草原三省，促进环境、农业、土地资源等部门按照管理需求建立草原资源监测体系，组织省内外科研力量开展监测活动，并以项目模式激励多利益相关方参与草原生态保护。在民间层面，非政府组织、合作社、学术机构与高校以及部分营利性自然资源管理公司等民间组织，以多利益相关方网络形式参与保护、监测与恢复工作，开发应用草原监测数据信息化工具、生态监测技术指南等。

（一）联邦政府实施的生态完整性监测与草原生境恢复

加拿大联邦政府未针对草原资源监测与恢复制定专项法规。由于联邦政府主要管理保护区内的草原，因此草原监测被纳入保护地监测体系，按照《加拿大自然保护区生态恢复的原则和准则》的要求，基于围绕"生态完整性"指标体系，开展草原生态监测与恢复工作。

1. 生态完整性监测与评估体系

2008年，加拿大在国家公园管理体系内全面实施"生态完整性监测"（Ecological Integrity Monitoring，EIM）项目（Environment Canada，2012），编制"生态完整性"（IE）监测相关准则与指标，开发保护区数据管理系统（CPCAD），为国家公园生态完整性状态评估及管理干预成效评估提供科学数据。这套体系同样适用于位于国家公园内的草原。

根据EIM生态完整性监测指标框架，依据《加拿大国家公园生态完整性监测统一指南》的监测规程与标准，地区国家公园管理局派员、公园资源保护经理及工作人员组成调查组，结合遥感、红外照相、地面调查利益相关方传统知识调查等多种技术手段和调研方式，对草原生态环境及管理情况等数据进行收集和上报，利用CPCAD系统进行系统化数据管理，并公开提供数据，支持各级管理部门、基层单位、科研人员及经营者等进行草原利用决策制定。

EIM监测指标体系完整，兼顾了状态监测与有效性监测。在草原生态监测方面，以草原（grassland）和灌木（shrub land）为监测指标，进一步设置三套具体的综合指标，包括生物多样性（本土及外来入侵动植物物种丰富度及变化、种群数量/死亡率/生存能力、营养结构和捕食关系链）、生态系统功能（自然灾害频率、植被年龄梯度、土壤生产力、分解过程和养分保持）以及压力因子（人类土地利用格局、栖息地破碎化、污染物、气候变化以及其他公园特有问题）（Gov of Canada，2024）。近年来，除了自然资源，游客教育、公众体验亦纳入状态监测，整个监测指标体系更为庞大（彭琳等，2019）。草原生态完整性相关数据经归纳为预先设定的阈值，生态完整性做出评级是就这一阈值进行比较和打分，最终划分为"良好""尚可"和"差"，国家公园管理局根据逐年评分对各类保护地生态系统的变化趋势进行评估，发布生态完整性评估报告。

该监测指标体系还与加拿大环境可持续监测体系以及濒危物种登记系统相链

接，是"加拿大环境可持续性指标"的组成部分。相关监测数据与评估结果用于国家环境与可持续指标监测报告以及国家公园状况报告，指导国家公园、省级自然保护地环境管理部门统筹开展生态恢复和濒危物种保护工作。

2021 年生态完整性评估报告显示，在国家公园中，草原三省内代表性草原生态环境有两处持续改善（明尼托巴省的 Riding Mountain 国家公园和阿尔伯塔省的 Water Lakes 国家公园）、一处保持稳定（萨斯喀彻温省的 Prince Albert 国家公园）、两处有所退化（萨斯喀彻温省的草原国家公园、阿尔伯塔省的 Elk Island 国家公园）（Gov of Canada，2021）。

2. 草原国家公园监测与恢复

开展生态保护是加拿大国家公园的首要任务，加强濒危物种保护是生态保护任务的核心。在加拿大首个全国范围内的生态恢复实践指南——《加拿大自然保护区生态恢复的原则和准则》指导下，国家公园实行"年度公园管理报告—十年期公园管理计划—主动管理和恢复—生态监测"的循环体系，使草原生态的监测、恢复—评估—整改工作形成闭环，具体以"保护生态完整性"作为恢复行动的要务，根据环境部门发布的生态完整性监测评估报告结论，针对问题开展自查、提出改善措施，如改善草原植被单一状况，加强碎片化草原连通性，清除外来入侵物种，以适当放牧活动维持草原生态平衡，以人工火烧主动防治草原野火等多元化措施。此外，按照 5 年期公园《多物种行动计划》，结合政府对特定物种保护法令的要求，对草原生境中濒危物种关键栖息地进行植被恢复，在生态保护与濒危物种生境恢复间形成有机结合。

例如，加拿大草原国家公园以 10 年期制定《草原国家公园管理计划》，在土地与生态管理方面采用 GIS 技术相结合的勘测手段，随土地征收开展草原监测，主要是对植物物种进行监测。例如，对人工驯服草地中不属于原生草种结构的无芒雀麦草（*Bromus inermis*）、麦穗草（*Agropyron cristatum*），以及入侵农作物进行清查和记录。此外，公园也以 5 年期制定《多物种行动计划》，针对草原生态系统内灭绝物种引种保护、濒危、受威胁等野生动物保护与种群恢复，野生生物生境内植被恢复、草原自然灾害防治等多方面工作确立了 19 项恢复措施。原生草原环境是濒危物种大艾草松鸡（*Centrocercus urophasianus*）的关键栖息地，公园将该物种筑巢和孵化栖息地恢复作为重点工作，将公园流域沿岸人为驯化的干草草甸恢复为原生草原植物结构，重新引入栖息地特色植物银山艾树（*Artemisia cana*），通过按季候采取刈割、燃烧、施用除草剂以及翻土等措施，清除无芒雀麦草、麦穗草等外来入侵物种，在整地后播种乡土组合草种，恢复银山艾树灌丛景观，进一步采取杂类灌木移植、扦插、岛式播种等措施建立多样化的乡土植物斑块，并对植物恢复成效开展持续监测。

（二）地方草原监测与恢复实践

省级层面，由于土地所有权类型复杂，各省草原监测归口管理与机构设置各有不同。一般由省环境部门参与联邦管理草原的管理并负责省管草原及其野生动植物资源监测修复，但农业、林业、湿地、土地、水文、能源等其他自然资源类型主管部门及地方政府，也参与草原监测修复工作。

1. 草原监测评估指南与分类监测标准

省环境主管部门的草原生态监测修复工作主要是通过建立具有科学性与权威性的草原资源监测与评估指南与分类监测标准开展。

阿尔伯塔省环境和公园管理局负责省内草原牧场环境的统一管理，制定《落基山、山麓、公园和草原自然区域内森林保护区分配和放牧租赁的草原清查手册》（Environment and Parks，2018），指导省内各类型草地开展监测清查工作，分步骤明确预调研、现场调研以及调研后工作要求，建立勘察与调研方法学、GIS等信息工具使用规范，制定规范的清查数据表单与报告的格式。

萨斯喀彻温省则由环境局负责省内森林、草原等生态系统保护与监测管理。该局指派鱼类、野生动物和土地司生境处草原景观清查（PLI）工作组负责制定以保护为目标的土地覆盖和土地利用监测评估方法。由于原生草原和人工草原难以通过 GIS 图像做出直观区分，为了确定草原生物多样性潜力和入侵植物风险潜力，PLI 采用机器学习和遥感等信息技术，对原生草原、混合草原、人工草原等进行清查，形成 10m 分辨率测绘图。

2. 年度环境战略与目标

草原三省采用制定年度环境战略与目标的方式，指导野生生物种群与生境的监测与保护。例如，萨斯喀彻温省环境局制定的年度《气候与环境战略》，在自然系统、基础设施、经济可持续、社区应急能力、居民健康五个方面共设置 25 项指标，逐年考核实施进展与绩效。在自然系统方面，围绕加强景观可持续及野生生物种群韧性与生物多样性目标，逐年推进具体行动计划。在 2023 年，充分调研土地利用和环境影响，根据监测评估结果制订栖息地管理计划，编制《萨斯喀彻温省入侵物种的预防和管理框架》指导开展草原内关键栖息地的监测工作，解决影响自然资源的环境问题。

3. 建立跨部门协调机制

近年来，农业（牧业）、林业等主管部门在其规划中强调草原生态监测、保护和修复，积极配合草原野生动植物栖息地监测保护工作，实现环境气候战略优先事项。因此，草原三省通过促进多部门参与原生草原生态恢复，协同开发降低交通、水利、能源等工业开发影响下草原恢复原则与战略，开发原生草原生境负面影响监测工具，实现跨部门、跨领域治理。

例如，阿尔伯塔省环境和公园局制定了《原生草原保护评估以及原生草原工业活动的战略选址和干扰前场地评估方法》《减少原生草原地表干扰原则、指导方针和工具》，形成了"预防+治理"的监测管控政策体系。萨斯喀彻温省建立农业–能源–资源跨部门合作机制，在跨部门协同下，制订《草场选址指南》，科学监测管控省内南部地区因油气等能源产业发展对濒危物种环境构成威胁。

（三）民间草原监测与恢复实践

加拿大政府仅有能力对联邦政府所有地、公地等区域开展监测与恢复行动，由于草原三省中大部分草原以私有牧场为主，因此民间协会、非政府组织、科研机构等在地方层面开展草原监测与恢复工作方面能发挥更大作用，并且针对放牧或人工干预后的草原逐渐发展形成了较为完善的草原监测与植被恢复技术体系。

"社–官–产–研–学"多利益方协同促进草原保护工作机制成熟。1988年，世界野生动物基金会加拿大办公室启动"草原保护行动计划"项目（PCAP），旨在通过促进不同利益相关方和合作伙伴之间的合作，保护和管理原生草原和公园物种、社区和栖息地。在草原三省政府的支持下，1995年后均建立了PCAP行动计划委员会，各省在PCAP项目下开展的草原生态监测、保护与项目活动形成了综合的知识交互平台，通过分享政策信息、知识手册、数据工具等，促进草原生物多样性保护、监测、研究和恢复以及知识分享与平台搭建，推进了联邦、省政府、民间三方联动工作机制的形成。30年来，PCAP机制在提升草原三省的草原监测水平，加强恢复行动以及促进政策融合方面发挥着关键作用。

非政府组织通过推行草原或牧场恢复管理项目，融合各利益相关方资源投入草原监测保护。这类合作项目形式多样，包括提供生态恢复技术支持、吸引志愿者参与监测和保护活动，与科研机构、高校共同开展研究；申请联邦资金、吸收社会资金支持项目提升社区能力建设。项目支持的重点领域包括利用混合草种开展原生草原恢复、生态友好型社区牧场经营模式等。例如，阿尔伯塔省草原恢复论坛（GRF）利用阿尔伯塔省生态基金（ecoTrust）和Kainai印第安部落土地管理局的投资，开展"定向放牧与植被管理：动植物的相互作用监测项目"（GRF，2022），对定向放牧利用牲畜的时间、频率、强度和选择性进行实验与监测，最终通过对目标植物物种或部分景观物种的放牧干预，促进受干扰区草原盖度的恢复。

（四）加拿大草原监测与恢复特点

联邦政府所采取的草地监测与恢复策略从粗放走向科学，草原资源信息管理体系从经济导向转变为生态导向。1935年加拿大为应对大面积干旱、抛荒和土地退化等问题，颁发《草原农场复兴法》，建立草原农场复兴署（PFRA），指导各省推行社区牧场计划，对干旱、抛荒地区进行复垦，恢复草原经营牧场。尽管在观念上已经加强对草原环境的重视，但在此阶段政府开展土地勘察和作物类恢复行动以草原生产性为衡量标准，增加干草产量和载畜能力，采用单一饲草播种，忽视草原自然生态恢复的基本规律。随着时代的不断进步，政策的不断完善，理念与技术的持续革新，当前加拿大在草原生态方面的监测理念和技术手段已从粗放走向科学，从单一走向多元，形成了以"完整生态性"为标准的生态监测指标体系，应用保护区数据管理系统（CPCAD）等系统化信息管理平台，使国家公园生态监测管理体系在国际上处于领先地位（彭琳等，2019）。

专项政策指引和跨部门协同治理相结合。尽管加拿大各省草原资源归口管理机制存在差异，但各省环境局均发挥了重要的引领作用，特别在制定草原资源相关保护与管理政策和实施中扮演了重要角色，促进建立了较为完整的制度框架和规范体系，对原生草原保护地和含有原生草原生态环境的牧场的规范化经营管理提供了权威、专业指导。在此基础上，环境主管部门在多利益相关方合作机制下，围绕草原资源保护逐渐形成了跨部门协同机制，草原治理格局从环境部门单抓保护工作发展到部级协同的预防+恢复综合治理模式。

"社–官–产–研–学"多利益方合作机制帮助建立了资源融合、模式丰富的草原监测修复高效合作体制。这种体制的优势在草原国家公园解决《多物种行动计划》实施问题方面体现得淋漓尽致。由于草原国家公园的草原监测和恢复方面面临着资金不足问题，国家公园管理局的资金支持不能完全满足行动计划的实施。在此情况下，通过与美国鱼类和野生动物管理局等国外相关机构，加拿大公共卫生局、省环境局等联邦机制下的协同部门，地方动物园、大学等省内机构，以及野生动物保护NGO等民间组织合作，引入社会资源实现行动计划的落地实施。这种合作伙伴关系的建立不但解决了资金问题，而且还借助各合作机构的技术专长和专家网络，开发了相关的草原监测工具指南，有助于草原监测、保护和修复工作的持续开展。

第三章

国外草原草种业管理

草种产业作为草业发展的基础，在现代畜牧业发展、草原植物群落调整、野生动植物保护等方面发挥着越来越重要的作用。随着我国启动"作物良种工程"项目、实施草原生态保护补助奖励政策，我国对优质牧草种子的需求将保持增长态势，但我国在品种资源开发、种子生产与推广和质量监控体系等方面与发达国家相比仍存在一定的差距，高质量商品草地用种和草坪草种子主要依赖进口，进口量约占每年需求量的 1/3（南志标等，2022）。美国等草业发达国家在牧草种子生产、销售、产业化和地域性方面走在国际前列。本章将选择美国、澳大利亚、新西兰和瑞士四个草种业发达国家，分析草种业政策支持、生产模式、认证体系等，为我国草种业高质量发展提供支持。

一、美国

美国发达的畜牧业生产和牧草种植推动了草种业的形成与发展（韩建国，1999）。20 世纪 40 年代，美国的草种生产还是牧草生产的副产品，平均产量为 150~300kg/hm²。之后，美国在专业化草种生产地的科学选择和草种生产与清选加工关键技术等方面开展了大量的试验研究与技术推广工作，使得草种子生产水平不断提高，已成为全球重要的草种子生产国和出口国。

（一）美国草种业现状

美国草种产业在 20 世纪 90 年代到达一个高峰。全国草种子的平均单产已达到 1125kg/hm²。其中，一年生黑麦草专业化生产田平均种子产量为 2080kg/hm²，多年生黑麦草为 1600kg/hm²，高羊茅为 1600kg/hm²，苜蓿为 810kg/hm²。

自 20 世纪 90 年代，美国加强了草种子的培育工作，特别是乡土草种子。1993—2019 年共育成品种 3019 个，年均育成 111.8 个。据美国农业部 2017 年农业普查数据，美国有各类牧草种子田面积 40.5 万 hm²，其中灌溉种子田为 10.5

万 hm²，约占 26%。年生产各类牧草种子 45.7 万 t，主要草种包括紫花苜蓿、百喜草、翦股颖、肯塔基早熟禾、狗牙根、百脉草、雀麦、红苜蓿、高羊茅、胡枝子、鸭茅草、苏丹草、黑麦草、梯牧草、野豌豆、小麦草、白车轴草等。其中黑麦草、高羊茅、肯塔基早熟禾和紫花苜蓿种子年产量居前四位，分别为 16.1 万 t、9.2 万 t、3.0 万 t 和 2.8 万 t。

俄勒冈州是美国最重要的草种子生产地，也是世界上冷季型牧草和草坪草种子的主要生产地及广受认可的专业种子生产中心（Anderson et al.，2020）。俄勒冈州共有近 1500 个草种子农场，大部分位于"世界草种子之都"——威拉米特山谷。该地冬季温和潮湿、夏季干燥，有利于种子发育和采收，是一个生产优质草种子的理想场所，所生产的冷季型草种子占美国冷季型草种子总产量的近 2/3。2017年，俄勒冈州草种子生产者生产了超过 27 万 t 的冷季型草种子；全州在超过 40万英亩（约 16 万 hm²）的土地上生产了 8 种草种共计 950 多个品种的草种子。美国一年生黑麦草、多年生黑麦草、翦股颖和细羊茅几乎全部产自俄勒冈州，大部分肯塔基早熟禾、鸭茅草和高羊茅草种也产自俄勒冈州。

（二）草种育种与生产

1. 草种育种模式

为了解决 20 世纪 30 年代的大旱和随之而来的沙尘暴等问题，美国在大平原多个州开展了草种育种和评估项目。这些育种项目的任务是针对极易受侵蚀的土地研发可用于土地植被修复的草种子。为此，美国在各个林草实验站开展了草种子评估和育种工作。其模式一般如下：从分布地理区域大量收集各种乡土草种的种质（生态型或品系），然后在苗圃中统一评估这些草种子的各种农艺性状；针对优质草种子增加更好的种质，并在不同环境中进行测试。根据测试结果，直接向公众提供草种子，而无须开展任何额外育种工作。许多州实验站和美国农业部采用这一模式，针对不同地理区域开发牧草栽培品种。

基于该模式，美国逐步形成了草种育种的五步法。①草种资源收集：建立草种资源评估苗圃，对草种子生产量、质量及其他性状进行评估，确定优良品种，并采收种子；②种子培育：利用采收的种子建立优选苗圃，评估各类种子的性状，筛选出高质量草种并采收种子；③小规模样方试验：包括单地点试验和多地点试验，优选出具有最好试验结果的草种；④开展大田试验：利用选出的种子进行播种，收集总结数据，根据数据选择出可生产推广的草种子；⑤种子生产：选择可开展大田生产的场地，向经认证的种子生产者提供草种子进行种子生产。

2. 各类草种育种和利用

（1）牧草草种育种与利用　牧草可以分为冷季型牧草或暖季型牧草。冷季型牧草主要在春季和秋季凉爽的月份生长，在炎热的夏季基本上处于休眠状态。暖季型牧草在夏季的生长效率最高，在凉爽的生长条件下通常产量相对较低。

在美国，广泛用于草料生产的冷季型牧草包括肯塔基早熟禾、高羊茅、雀麦和小麦草等从欧洲、北非和亚洲引进的草种。这些草种在原生地经过数百年密集放牧进化而来。在乡土冷季型草种育种和使用方面，按照美国相关政策法律要求，只有乡土草种才能用于特定地点的植被修复。因此，冷季型乡土牧草的利用程度非常低。目前使用最广泛的冷季型乡土牧草是西部小麦草，但极少用于农田植被修复。相关草种育种专家认为，即使针对乡土冷季型牧草开展大量育种工作，其在未来作为牧草或草坪草的用途也很有限。与冷季型乡土牧草相比，引种的冷季型牧草可以通过育种得到显著改良，育种经济回报更高。

美国南部地区主要种植从非洲或亚洲引进的暖季型牧草，主要包括狗牙根、画眉草、孔颖草和结缕草。这些草种大多数不能在美国中纬度地区的冬天存活下来。因此，大须芒草、印第安草和柳枝稷草等暖季型乡土牧草作为栽培品种越来越多地被利用。在炎热的夏季，当冷季型牧草相对低产且质量较差时，这些暖季型乡土牧草使放牧条件得以保持，而且保证了草料生产。此外，东部摩擦禾也具有相当大的潜力。该草种以高产量著称，但其在放牧条件和集约化管理下的持久性需要进一步测试。其他可作为栽培草种开展小规模利用的有革兰草和小须芒草等乡土草种。

（2）草坪草种育种和利用 第二次世界大战后美国经济的高速增长和技术的飞速发展，使得美国传统村镇式草坪的用途进一步扩大，大大加速了草坪的产业化进程，形成了涉及品种开发、种子生产、草坪建植、草皮生产等多种领域的草坪业，而栽培品种开发和种子生产是奠定草坪业发展的基础。位于美国西北部的爱达荷州、华盛顿州和俄勒冈州是美国草坪草种的主要生产区，生产的高质量草坪草种子不仅满足本国草坪发展的需要，而且还销往世界各地。全球冷季型草坪草种子主要产自爱达荷州、华盛顿州和俄勒冈州，而大多数暖季型草坪草种则来自亚利桑那州、加利福尼亚州和佐治亚州。

野牛草是美国西部的一种乡土矮草草种，由于其草茎蔓延性强，因此能产生致密的草皮，是一种理想的草坪草种，近年来使用范围越来越广泛，主要在需要开展最低维护的草坪区域使用。同时，野牛草耗水量极少，其草坪可以用非常有限的水来维持，不需要频繁地进行割草及其他维护工作。但是，相比于冷季型草坪草种，野牛草在春季较晚时才变绿并在秋季较早进入休眠状态，但这一性状可以通过育种来改善。为此，内布拉斯加州和得克萨斯州实施了野牛草育种计划，以开发草皮型品种。

许多乡土草也因其外观而用作观赏植物。不少景观设计师在他们的作品中使用这些草，并且已有苗圃开始供应这些草种。可以预见，草原草种由于其自然美景和低维护要求，将越来越多地作为观赏植物加以利用。

（3）**乡土草种育种和利用** 北美的乡土草种具有较强的适应性，且具有多种用途，其中较为知名的乡土草种包括柳枝稷、大须芒草、假高粱等。由于乡土草种在草原生态修复、生物质能源利用等方面与外来草种相比具有较大优势，因此美国十分重视乡土草种的培育和利用，通过实施植物育种计划、乡土草种育种和评估项目等措施，加大乡土草种的筛选和育种，旨在通过育种改善乡土草种的性状。其中，所选性状的遗传变异性、性状的遗传性、育种者识别遗传优势植物的能力、选育强度和育种程序的效率等是乡土草种选育的重要研究方向。

美国草种研究人员在植物育种计划的支持下，利用从美国中西部残余天然草原中收集的柳枝稷、大须芒草、假高粱和加拿大披碱草等乡土草种，开展种质遗传变异研究，发现生长在特定区域的生态型或地方性株系通过突变、迁移、选择等方式完成遗传机制进化。研究人员利用株系之间的遗传变异性，开展了乡土草种的初始育种工作。通过育种工作，开发了乡土草种的新品种，提高了草料质量，实现动物生产的指数增长，获得显著经济收益。

由于乡土草种不需要大量的维护和施肥工作，维护成本较低，且具有较广的适应范围，因此越来越广泛地用于草坪建设和维护、饲料生产、生物燃料作物及湿地和野生动物栖息地恢复。特别在生物质能源作物培育中，将柳枝稷、大须芒草等乡土草种改良为生物质燃料作物具有巨大的潜力。其中，柳枝稷不但可用于纤维素乙醇生产，还能作为生物颗粒燃料的原料。然而，对于乡土牧草培育，理想的牧草应具有易生长、耐放牧、产量高、质量好、抗病虫害或耐受性高等特点，且能产生足够的草子。尽管美国拥有数百种乡土草种，但经过几十年的测试，只有少数几种草被证明符合牧草种植标准。其中一些主要生长在高草、中草和短草草原中，目前正被用作栽培品种，并有可能得到更大范围的利用。

3. 草种生产

在美国，草种的生产主要通过草种公司或经销商、专业化的农场和清选加工厂之间签订产品生产与加工订单的方式组织生产。种子生产合同中，明确要生产的品种及其种子生产面积。清选加工厂负责种子的加工清选，草种公司或经销商负责种子的收购与销售，并向农场提供基础种子。经过多年发展，美国重要草种的生产、市场和贸易情况基本稳定，生产的草种除满足国内市场需求外，部分出口到欧洲、南美洲、亚洲，以及澳大利亚、加拿大等国家与地区。

20世纪50年代以后，随着专业化牧草育种计划的实施以及专业化种子生产的发展，美国的草种生产方式和生产区域发生了明显的变化，逐渐由牧草生产的副产品转变为区域性的专业化生产方式。在区域化方面，牧草种子生产主要集中在美国西部的加利福尼亚州和俄勒冈州。这两个州具有完善的灌溉条件，逐渐形成了世界上草种产量最高、质量最好的集中产业化生产区。在专业化生产方面，50个地区性、全国性或国际性的牧草种子公司聚集在这两个州，充分利用该地区的气候资源，生产高产优质的草种子，降低种子生产成本，增强市场竞争力。

（三）草种业相关法律法规及管理机制

1. 法律法规

美国于1912年颁布了《联邦种子进口法》，规定最低净度标准和最大杂草种子容许量，旨在限制劣质种子的进口。1926年对该法进行修订，规定进口种子必须染上鲜明的颜色，旨在提醒农场主这些是国外进口种子，有可能不适合在当地种植（Cornejo et al.，2004）。为了进一步规范种子生产贸易，1939年正式颁布《联邦种子法》。这是美国种业发展史上重要的一部综合性立法，首次正式确立"标签真实性"的原则，即所有在美国销售、贩运的作物种子必须附有种子质量标签，而且标签的内容必须真实。这项规定适用于所有州际贩运的以及从国外进口的商业用草种子。

在1970年之前，美国大田使用的良种大都是由公共科研单位或大学培育的，然后无偿提供给农场主和种子公司使用，育种人员的辛勤劳动和投入得不到应有的报酬，这导致大部分种子公司对于培育自己的品种不感兴趣。为了保护育种人员的权益，推动植物育种工作，美国于1970年颁布了一部重要的种子立法，即《植物品种保护法》。该法的颁布有效保护了育种人员和种子公司的知识产权，使育种这项耗时长、投入大的基础性工作取得必要的回报，提高了公司和个人投资牧草育种的积极性，特别是大大提高了种子公司建立自己的育种机构的积极性。通过培育拥有自主产权的新品种，促进品种选育，加快良种更新，最终推动牧草生产的发展。

2019年，为了推进乡土植物种子的研究、保护和利用，美国出台了《美国乡土种子保护法》，以改变传统种子品种的培育保护力度大大低于改良或杂交种子的保护力度这一情况。该法案规定，政府问责办公室应通过评估乡土种子的种植、采收、储存和商业化利用，研究乡土种子的长期生存能力以及能保护它们的计划和法律，从而保护乡土种子的多样性，进而支持部落社区的医疗保健、粮食安全和经济发展。

2. 管理机制

为了促进草种业发展，美国建立了较为完善的管理机构、种子认证、育种计划支持等管理机制，切实保障了草种业的发展、草种子的培育与生产。

（1）实施草种育种计划 美国农业部早在1921年就依托大平原北部研究实验

室启动了草种育种计划，开展草种评价工作以及比较和农艺研究。为了进一步加快草种育种发展，发挥大学等科研机构的作用，美国农业部农业研究局于 1936 年和内布拉斯加大学林肯分校合作启动了草种育种计划。美国农业部提供科研人员以及运营资金和研究设备，内布拉斯加大学林肯分校则提供技术和行政支持，同时配套了运营资金及实验站、温室和实验室设施。即使林肯分校自 2018 年起不再提供技术支持和运营咨询，但仍为美国农业研究局科研人员提供了试验设施和土地。通过该计划培育的草种多用于邻近的中西部各州以及大平原地区各州。

这个合作模式有着明显的优势。一是保证了资金支持和人员的稳定。通过合作双方共同出资，支持农业研究局科研人员的工作，保证了前期工作的延续性，同时又依托大学培养了草种业的新生科技力量，使草种业育种研究后继有人。二是保证了草种育种的长期性。草种育种所需要的时间长，投入大，只有保障长期稳定的资金支持，才可能有效培育多年生草本优良品种供牧场使用。三是充分保证了各区域乡土草种的培育。由于大学分布在不同地区，与大学合作利用大学土地开展育种研究与试验，有利于当地乡土草种的收集、培育、试验和生产。鉴于这些优势，美国农业部利用这一模式与各地大学加强合作，共同开展草种育种工作。

（2）推行草种子认证制度　种子认证是美国为了确保草种栽培品种遗传特性的一种管理制度，种子认证程序和标准基于国家和州法律而制定，并由种子认证机构进行管理。草种认证是一种非强制性的认证，由种子生产者自愿申请，基于严格的认证标准，保证草种的谱系、高发芽率和基因纯度，确保将优质种子销售给种子种植者和用户，并且规定了田间检查、采收加工监督、质量检验以及贴签等环节的认证程序。草种子认证参照标准包括国际认证规程，如经济协作与发展组织（OECD）制定的《牧草和油料作物品种种子认证规程》、北美官方种子认证机构协会（AOSCA）制定的《种子认证手册（2003）》以及各州认证机构制定的作物种子认证手册等。

经认证的草种子等级分为育种家种子、基础种子、登记种子和认证种子 4 级。其中，基础种子主要由美国农业部自然资源保护局下设的植物材料中心（PMC）、农业研究局（ARS）等机构生产，通过州作物改良协会供个人使用；要获得登记种子生产资格，必须先种植基础种子；认证种子必须使用基础种子或登记种子来生产，同时必须经过种子生产田分离、田间检查及认证种子试验室的种子测试分析检验。登记和认证的种子必须由当地种子经销商和生产商进行采购；经认证的种子不能用于生产任何其他认证种子，只能生产普通种子或未经认证的种子，且生产者必须遵守州种子认证计划的规定。

为了保证种子认证制度的可信度，美国农业部农业市场局种子监管测试司实施了 4 个认可计划，即现场检验认可计划（AFIP）、种子采样认可计划（ASSP）、种子实验室认可计划（ASLP）和种子调节认可计划（ASCP），为田间检查员、种子调节设施和种子测试实验室提供认证。这些计划是自愿性的用户付费服务，通过统一的程序和方法促进国内和全球种子贸易。其中，AFIP 和 ASSP 适用于个人或组织，而 ASLP 和 ASCP 仅适用于种子检测实验室和公司。

（四）美国草种业的借鉴与启示

1. 依法保障草种生产

美国《种子法》历史悠久，经多次修改已趋于完善，同时辅以植物保护等法律法规，形成了较为完善的种子育种和生产法律法规体系，并有较健全的配套法规和技术规范，能确保种子生产质量安全。同时，根据法律法规的要求，美国建立了执行有力的各级管理机构，加强草种管理机构和科研机构的建设，依靠完善的法规进行种子质量管理和控制，有力保障了适应本土的优良草种子生产。

2. 标准化与规范化生产

美国的良种培育与种植利用紧紧围绕不同区域的生产特点和需求，在良种的评价与种植利用方面建立了完善的标准化体系，为生产提供充分的科学依据，形成了区域化和专业化的生产特点。为保证良种选育、推广与种子生产的有效性，美国推进实施了草种的审定与种子生产认证制度，保证所生产的牧草良种种子的基因纯度和一致性。通过草种生产认证制度保证了产品的质量，确立了产品信誉，并且通过认证制度形成了规范化生产，有力保障了美国高质量草种的生产。

3. 高度重视种子检验研究工作

美国各地对种子检验技术研究非常重视，长期扶持对于新技术、新方法的研究，很多技术保持国际领先地位。特别在良种扩繁与种子生产方面，结合了品种特性与生产地气候特点，不断总结草种高产、优质栽培管理技术标准与规范。同时，积极参加和创建各种相关国际组织，扩大影响，促进贸易。强调种子质量监督抽查，加强质量控制措施，保证市场上流通的是优良草种子。为此，加强种子执法机构的建设，长期坚持定期监督抽查。

4. 产学研紧密结合

科研、推广、生产紧密结合有力保障了美国草种业的可持续发展。从牧草品种选育到种子收获加工与贮藏等各个环节，都是紧密结合实际需要，有目的进行应用基础与实用生产技术的研究工作。新品种选育和种子生产技术研发的资金来源除政府资助外，还得到牧草种子主产区域的行业协会或企业的支持。在推广过程中，委托各大学、科研机构的草种生产推广专家负责技术培训与推广，促使专业化草种生产技术的广泛应用，显著提高草种子产量和质量。

二、澳大利亚

数十万年来，乡土草原一直是澳大利亚的主要植被类型。然而，随着农业发展和城市发展，大部分乡土草原已经消失，许多受威胁和濒临灭绝的动植物物种栖息地也随之消失。澳大利亚大约有 1000 种乡土草。根据相关研究，澳大利亚乡土草本植物具有较高的农艺和环境效益，在干物质生产、对夏季降雨事件的响应潜力、持久性和营养价值等方面与引进草种相似，而且能很好地适应恶劣多变的气候和低肥力的土壤，在维持生态系统健康方面发挥着重要作用。由于乡土草的这些特征，澳大利亚采取各种措施利用乡土草恢复植被。

（一）利用乡土草种开展植被恢复的政策措施

在促进乡土草种利用方面，1987 年澳大利亚出台的《植物品种权利法》及此后出台的《植物育种人权利》（PBR）提供了有力的法律保障。这两个法律文件建立了品种许可机制，保护新品种所有权，为乡土草种培育计划的启动和实施提供了经济刺激，进而刺激了乡土草种的培育和应用。

同时，澳大利亚实施的多个保护计划也推动了乡土草种子的播种和经营管理，包括国家土地保护计划（National Landcare Program，NLP）、自然遗产信托和生物多样性基金。在这些计划实施中，明确规定应利用乡土草种进行土地植被修复。这些计划创造了大量的乡土草种需求，刺激了乡土草种的收集、培育和生产。

其中，国家土地保护计划是最大的计划，是由全国农场主联盟和澳大利亚保育基金共同发起，以解决澳大利亚土地持续退化、生产力下降等问题。该计划支持各地土地保护小组开展工作，解决一系列土地保育问题，如土壤侵蚀和酸化、树木衰退、水质恶化和野生动物保护等。这些小组认识到解决环境土地管理问题的紧迫性，同时也认识到单靠个人是不能完成环境保护任务的，需要从流域或地区的角度共同努力。在成立的第一年，该计划得到了联邦政府通过自然遗产信托基金提供的 1.7 亿澳元支持，以开展土地修复。在 20 世纪初期，澳大利亚有4000 多个土地保护小组，澳大利亚政府承诺，将通过延期自然遗产信托基金，继续为国家土地保护计划等提供 27 亿澳元的支持。

（二）草种选择

澳大利亚经常遭受严重干旱和低降雨量的困扰，但是乡土草经过数十万年的发展，很好地适应了这一气候条件。很多乡土草具有长期休眠等多种避免干旱侵扰的机制，通常能抵御干旱的影响，并在干旱暴发后能普遍生长起来，并且可以在浇水最少的灌溉条件下生存，成为干旱后最先恢复生长的草种。当乡土草用于草坪、景观和设施建设时，对水的需求非常低，有时甚至不需要水就能生长。在牧场建设中，乡土草具有更大的耐旱能力，且在旱灾后无须重新播种。当用于园艺中，则不需要在葡萄藤或树木之间进行补充灌溉。

同时，澳大利亚乡土草种适应了历经数百万年风化和侵蚀影响的土壤，因此能够在类似世界其他地区的底土土壤上生长，且能在 50~100mm 深的浅层土壤中生长。在没有表层土壤或表层土壤已成为底土表面一层的路边或矿区，乡土草种是开展植被修复最理想的解决方案。因此，通过利用乡土草种，可以帮助恢复草原栖息地并保护生物多样性。

（三）草种培育

20 世纪 80 年代，澳大利亚牧场引进的外来草种在实用性方面面临挑战，与此同时，乡土草种在澳大利亚牧场干旱区半干旱区的适应性得到认可。

在降雨量较低的地区（每年<500mm），引进的外来草种无法持续生长，如水牛草等一些外来草种甚至杂草化。在温带牧场地区，干旱期延长以及夏季生长的多年生植物丧失，哈定草、鸭茅草等外来引进草种的夏季用水量低导致地下水位上升及旱地盐化，成为澳大利亚面临的最大环境问题之一。这些因素使得人们将注意力集中在乡土草种培育上。不少研究指出，利用乡土草种控制地下水位上升具有较大应用潜力，为利用乡土植物进行大规模植被恢复提供了一个机会。

为此，澳大利亚在 1980 年实施了多项乡土草种培育计划，启动相关研究项目，有的甚至持续至今。这些项目主要是通过驯化、培育和生产具有商业利用价值的乡土草种子，并且逐渐开发出澳大利亚乡土草种栽培品种。这标志着澳大利亚乡土草种业的开端。到 2000 年，澳大利亚已发布了 9 个乡土草栽培品种，另外还有 12 个栽培品种有待发布。

然而，相比于美国利用联邦政府预算资金支持开展草种子选育，澳大利亚支持乡土草种项目的资金主要来自羊毛、谷物或牛肉行业的税收。因此，澳大利亚乡土草种培育计划以提高草种子生产量为重点任务，主要筛选具有高产量（种子和生物量）潜力的栽培品种，同时考虑种子的适应范围。

由于这些因素，澳大利亚乡土草种培育面临以下问题：①能培育应用的乡土草种总体而言较少。澳大利亚所发布的乡土草品种主要来自 12 个草种，相比澳大利亚 1000 种乡土草，所占比例极小。②培育的乡土草种价格较高。通过培育计划栽培的品种其价格是每千克大约 100 美元，只能在采矿和休闲行业使用。③乡土草种子生产量不高。虽然澳大利亚实施了乡土草种培育计划，培育出栽培品种，但是这些品种的大田实际出产种子产量仍然不高，不足以支持开展大规模的植被修复，成为栽培品种及其种质资源发展的主要障碍，使得许多传统种子生产者认为乡土草种没有商业利用价值。

（四）草种采集与市场

澳大利亚乡土草种的质量和数量具有较大的差异性。大多数乡土草种业依赖野外种子采集，种子供应和质量不能完全保证，取决于当地季节性变化。同时，澳大利亚乡土草种播种困难，主要是因为很少对这些草种的发芽或生长性进行测试，不清楚其物理性状。因此，乡土草种业发展非常缓慢，只能利用有限的乡土草栽培品种开展商业性种子生产。然而，乡土草种子在认证或贴标方面没有官方体系，只有一些指导实际生产的指南，导致许多乡土草种子的种源不清。

由于各类自然保护计划刺激了乡土草种市场需求，特别是私人土地所有者在国家土地保护计划的支持下开展土地修复，对乡土草种子的需求增加。许多草种的低价种子，特别是当地种源，大量用于大规模播种。然而，商业草种业不能满足日益增长的需求。为此，一些土地保护小组提出一些解决方案。例如，STIPA乡土草协会作为一个非政府组织，在澳大利亚东部地区开展土地保护项目，在项目实施过程中他们遇到原生草原利用和管理的实际问题，为此他们为小组成员提供支持和服务，帮助小组成员直接与采收野生草种子的供应商联系，保证其成员能获得大量乡土草种，用于修复自己的土地。绿色澳大利亚是另外一家主要支持和鼓励社区开展植被相关项目的非政府组织，为社区创设种子银行，低价或免费提供本地特有的乡土草种。在21世纪初，澳大利亚共有50多个社区种子收集和保存机构，其中有些机构提供乡土草种，而且42%的乡土草种免费提供。同时，对子遗植被区加强管理，将其作为一个采种园，开展种子生产，满足当地植被修复的需求，成为草种供应的另一种方式。

三、新西兰

新西兰牧场广泛分布于南北两岛，草场主要以混合牧草为主，以白三叶草和黑麦草为多（Chynoweth et al.，2015），也有红三叶和鸡脚草。按照草的生长期又分多年生和一年生以及两年生草。畜牧业发达成就了新西兰的草种产业。

（一）新西兰草种业概况

新西兰牧草种业始于19世纪（NZGSTA，2021），最初主要是通过进口英国的黑麦草用于自身牧草改良，特别是多年生黑麦草，具有适应能力较好、营养价值高于新西兰本地草种的优势。随着改良牧场对草种的需求量逐渐加大，新西兰草种业获得了极大发展，同时当地草种业集约化生产和私人育种计划也支撑着草种业的发展。

新西兰作为全世界最重要的草种生产国之一，在种子繁殖方面处于世界领先地位。通过育种计划，育种者为牧民提供适应当地的新种子遗传学和理想性状。在新品种准备好进入商业市场之前，种子育种和开发可能需要长达10年的时间，成本高达100万美元。同时，采用经过认证的草种子越来越被农民认为是牧场播种或更新的最佳选择。

在生产方面，主要生产牧草种子。大多数草种是由位于坎特伯雷地区经过认证的29000hm² 专业种植基地生产（PBRA，2021）。由于具有显著适合草种高产的气候条件，新西兰南岛的坎特伯雷平原有2.5万~4.6万 hm² 的专业牧草种子生产基地，占新西兰牧草种子生产面积的80%以上，生产的白三叶草种占世界总产量的2/3。新西兰每年生产的牧草种子足以更新超过35万 hm² 的牧场，或者足以新播种39.6万 hm² 牧场（NZGSTA，2021）。政府计划继续通过开发新品种、开发高价值的特种种子产品以及开发新市场来推动草种子行业的增长。

黑麦草是新西兰国内种植最为广泛的牧场种子品种。目前，黑麦草和三叶草在饲料草种市场中占主导地位，各种类型的黑麦草占草种销量的81%。红白三叶草等豆科草种占销售额的9%。根据植物育种和研究协会（PBRA）2020年销售数据显示（PBRA，2021），新西兰向本国牧场出售了超过10700t品牌专有牧场种子，比2015年增长了21%，是有记录以来最强劲的销售年度（PBRA，2021）。

（二）草种子出口贸易

由于南北半球相反的生产季节，其他国家通过进口新西兰草种来弥补季节性短缺，因此牧草种子历来是新西兰种业出口的主要支柱。新西兰培育的多个品种，特别是黑麦草、高羊茅和三叶草，被其他国家大量进口，用于商业种植。

近年来，新西兰加大了与其他国家草种生产和贸易业务。根据新西兰谷物和种子贸易协会（NZGSTA）和新西兰统计局发布的最新数据，2020年新西兰种业出口额与去年同期相比增长了4.6%，收入达到创纪录的2.5亿美元，比5年前的1.73亿美元增长了44%（NZGSTA，2021）。虽然新西兰出口了30多种不同的种子类型，但牧草种子是主要的出口类别。按价值计算，黑麦草和三叶草种子的销售额为1.31亿美元，黑麦草、三叶草和其他草类的草本种子占种子出口总额的53%（NZGSTA，2021）。坎特伯雷地区所生产的草种子出口到60多个国家。其中，澳大利亚是新西兰牧草种子的最大出口目的地，占出口总量的16%。

尽管新冠疫情之后，经济态势下行，但新西兰种子出口为新西兰经济带来了惊喜，成为后疫情经济复苏战略的强劲推动力。预计到2025年新西兰种子行业出口占GDP的比率将从目前的30%提高到40%。

（三）草种认证系统

新西兰种子认证体系开发于 1929 年，是世界上最早的保证种子信息真实性和控制种子质量的系统之一，类似经合组织（OECD）种子认证体系，已经运行了近 90 年（NZGSTA，2021）。新西兰种子认证体系提供了一套规范，保证在生产过程中根据品种的表型表达来跟踪和保持遗传纯度。种子认证体系由种子质量管理机构（SQMA）负责。SQMA 由来自行业组织和政府的代表组成，负责监管和种子认证事宜。

不同于大多数国家，新西兰没有制定专门法律管理国内种子的生产、认证和销售，但种子产业遵循与公平交易相关的一般法律。根据《植物品种权利法案》与新西兰种子认证体系，新西兰政府对种子新品种提供保护。虽然一直以来参与新西兰种子认证计划是自愿的，但牧草种子行业的参与程度非常高，种子认证体系通过优化标准和确保程序的一致性，在保护草种的种质资源完整性方面发挥了重要作用。新西兰初级产业部在进出口检疫程序的管理中也发挥着重要作用。

认证体系主要包括 4 个环节（钟天润等，2015）：

（1）种子生产前登记管理　所有从事种子繁育的种植者均须登记注册，每位种植者安排当年的种植计划前，要提供拟繁育种子种类、拟种植地块位置和面积、该地块前几年种植情况等详细信息。

（2）种子生产期间管理　由初级产业部认证的调查员负责种子生产期间的调查，包括种子品种纯度检查、病虫害发生情况调查等，所有登记表、调查报告都通过信息系统进行汇总处理。

（3）种子清选及抽样检测管理　新西兰种子清选站相对集中，且规模较大，专业化程度高，运作和管理较规范，面向所有企业和种植者提供清选、包装和仓储服务。在清选环节，一般通过过筛、重力选择和风选 3 个阶段，净度可达 99%以上，出口种子的抽样检测一般也在清选站进行。

（4）种子溯源与标签管理　按规定，新西兰生产的所有认证种子都附有明确标签。标签包含种子类型和等级、种植者注册号码、种批号码、生产地区认证日期、种批重，以及室内检验的种子净度、发芽率、杂草种子种类和数量等信息。依据这些信息能准确追溯到种子生产管理的各个环节，以便出现问题时，能及时查找原因，快速解决。清选企业还在发货仓库安装了摄像头，全程监控商品种子出库过程。

目前，新西兰种子管理局（NZSA）基本建设完成一个新的种子认证信息系统（SCIS），以取代由 AsureQuality 代表 NZSA 管理的现有 eSeed 系统和基于纸质文件的管理系统（FAR，2021）。SCIS 系统将由在坎特伯雷成立的国家种子认证办公室(NSCO)负责管理，以推进种子认证等相关工作。2022年播种、2023年收获的草种子将通过SCIS系统来追踪管理，所有官方认证的种子作物、种批和测试结果等信息也通过该系统予以公布(FAR，2021)。同时，新西兰对1987年出台的《植物品种权法案(PVR)》进行修订，并于2022年发布。在过去的30年中，新西兰植物育种行业发生了重大变化，这次修订对于确保PVR法案未来的适用性是必要的，将继续保证新西兰草种业的健康发展。

新西兰谷物和种子贸易协会(NZGSTA)认为，种子认证计划的管理方式发生变化将影响参与种子认证的每个利益相关者，包括种植者、种子加工商、种子公司、独立验证机构和政府监管机构。这些变化不仅会改变利益相关者与计划的互动方式，还会改变他们为通过认证支付的费用、品种和种子批次的验证方式、时间以及相关环节的责任方。基于新的电子认证系统将实现种子的可追溯性，据此可以向海外市场提供种子质量保证，确保出口的种子离开新西兰时被标注了真实、可靠的来源等信息，以支持草种业在可靠性、无腐败和可信赖等方面的声誉保证。

四、瑞士

瑞士草原面积约20万hm²，主要分布在汝拉山、中西部高原区、阿尔卑斯山北坡、阿尔卑斯山以西、阿尔卑斯山以东和阿尔卑斯山南坡。其中，天然草原面积约8.18万hm²，覆盖率约28%，近一半位于平原地区。人工草场面积约12万hm²，在牧场系统中占有重要地位。瑞士将部分农业用途的干草草原和牧场划分为"国家重要干草草场和牧场"，共约2.2万hm²，其中60%为牧场，30%为草地，10%为休耕地(Office fédéral de l'environnement，2009)。

（一）瑞士草种业概况

1. 草种生产与培育

2005—2010年，瑞士平均每年生产超过5万t种子和植物。每年瑞士市场上都会有40~50种新型混合草种产品供应，其中约10%的新型种子符合瑞士对合理和生态饲草培育的要求。瑞士草种的生产区主要分布在瓦莱州、格劳宾登州、沙夫豪森州兰登山脉和伯尔尼州西兰地区，不同地理区域的草种产量差异很大，平原或山地牧场的浅层土壤草场的产量更高(Commission suisse pour la conservation des plantes sauvages，2009)。

瑞士草种以苜蓿和禾本植物为主，牧场中主要采用紫花苜蓿、白车轴草、红车轴草等本土豆科牧草种子，并与黑麦草、羊茅、鸡脚草及其他禾本科牧草组成混合草种，用于建植永久性人工草场。早年间，瑞士以国外进口低成本的外来草种为基础进行培育，1999年以来，瑞士持续增强本土草种的遗传丰富度，采用乡土草种或与乡土草种生态型相近的进口草种进行培育。草种业发展至今，已经收集研究了大量瑞士原生生态型并繁育出丰富的草种。目前，瑞士和欧洲的官方种子目录中已收录了瑞士11类草种的67个遗传品种（Agroscope，2009）。

2. 产业化发展

瑞士草种业的产业化发展经过了粗放管理、精准试验、形成规范体系三个阶段。20世纪60年代为修复自然保护区土壤贫瘠的问题，采取了自然定植、干草转移、苗圃培育和根球转移等手段进行治理，但采用的草种很大程度上来自国外，且本土天然草种的利用并未普及或商业化，因此在治理成效方面与保护本土生境的目标背道而驰（Commission suisse pour la conservation des plantes sauvages，2009）。

20世纪80年代末至90年代初期，随着生态环境保护意识的增强，瑞士农业用地的生态与景观保护得到了重视，瑞士国内各地和其他欧洲国家的农场合作开展规划并实施"农业和自然保护实践"项目。项目旨在自然保护地之外的区域打造物种丰富的平原生态环境，针对瑞士平原草原物种丰富程度较低的问题，围绕促进混合草种的利用开展精准试验。保护实践获得了广泛的政策和机构支持，为瑞士草种业规范体系的形成奠定了基础。

20世纪90年代中期拉开了草种产业创新的序幕，各类种子公司应运而生，为瑞士牧草业提供新型混合草种，丰富了本土典型草甸草种的产品类型，草种业相关规范与标准也随之建立。

在瑞士育种协会（Swisssem）协调下由获得政府批准的育种者合作社（EM）组织地方生产者开展种子的繁育与生产，并在政府规范监管、认证机构服务密切配合下进行。Swisssem协调下，有12个EM，其中4个覆盖了瑞士80%以上的谷物种子生产和几乎所有的苗木生产。EM通过与合作生产商签署许可协议，规定后者的权利和义务，并负责规范销售的质量和数量。同时，EM对大部分植物种子品种和商标享有专有权，可更好保护合作生产商利益。

政府及专业认证机构在种子繁育品控方面给予监管和指导。按照政府规定，种苗生产和研发业务受联邦种子和植物服务局（SSP）的监督。EM的合作生产商必须拥有官方颁发的繁育授权，对开展种苗繁育进行规划并定期组织技术人员进行培训，才能繁育生产受保护品种的认证种子。受保护品种的认证种子须从基本种子中生产第1代种子，再次繁育后，从获得的第2代种子中选取具有代表性的样品送到联邦农业研究院（Agroscope）雷肯霍尔茨-塔尼孔（ART）研究站，ART将配合OFAG进行种子质量审查和批次认证。若繁育的种子和植物经检验符合质量要求，则通过认证并提供"瑞士种子"的官方标签，可进一步按需生产。一些州政府会就草种生产需求与生产商达成合作协议。

获得认证的种子通过专门机构交付给种子生产商进行批量生产，此后出售给批发商，并进一步通过经销商将种子出售给农民。农民购买种子时可参考瑞士草原协会（AGFF）、草料养殖发展协会（ADCF）以及地方政府制定的推荐品种清单（ADCF et al.，2021）。

（二）草种业法规制度建设

1. 种子生产与贸易法规

瑞士联邦农业部（OFAG）负责所有政策制定、法律修订和行政事务，包括制定《农业法》《种子法》等，负责协调品种审查、发布《国家种子品种目录》，并贯彻国际协议相关要求。

《农业法》确立了瑞士以生态农业为导向的发展方向，是规范草种业发展的基础法律。其中对草种等植物繁殖材料的生产、投入与产品流通作出了基本规定，并且对标欧盟在生态农业及可持续发展方面的制度要求，确保国内草种业的国际竞争力。

草种业发展的基本准则包括《种子法》《联邦经济部种子与植物法令》《国家种子品种目录法令》，以及《联邦经济部植物品种法令》等。其中，《种子法》规定新品种种子应在《国家种子品种目录》中注册，并对种子生产和认证管理以及新品种发布作出规定。《联邦经济部种子与植物法令》确立了饲草种子的生产、认证和播种技术规范，并明确规范生产品种及其检验要求、作物检查标准以及种子批次质量要求和标识体系规范。

贸易方面，瑞士于2001年颁布《植物保护条例》，强调保护乡土植物免受外来有害生物的侵害，管制具有潜在风险的产品的进口、出口、过境、流通和处置。此外，从事草种产业的个人和企业还必须遵守《义务法》规定的种子购买、交换或订购合同和民事责任等，以及种子新品种保护和商标等知识产权法相关的要求。

2. 草种种质资源保护相关法规

瑞士十分重视种子采集对环境及生态的影响。《自然和景观保护法》《植物多样性保护条例》《国家重要草原和旱草保护条例》，以及《联邦国家湿地名录》等是保护野生草种资源的重要准则。《自然和景观保护法》旨在通过公平公正分享、利用遗传资源，鼓励保护生物多样性及其组成部分的可持续利用，保护本土动植物及生物多样性和自然栖息地。通过采集野生植物获利，需要取得州主管部门的授权。

为加强草原环境以及草原遗传资源的保护，2010年瑞士联邦环境办公室

(FOEN)在《自然和景观保护法》基础上制定颁布了《国家重要干草草场和牧场保护条例》(以下简称《干草条例》),目的是按照农业和林业可持续发展的原则,保护具有国家重要性的干草生产草场和牧场及其动植物种群及景观特性,提高自然或半自然栖息地的生态质量,发展干草草场生态服务功能。根据《干草条例》规定,州政府在当地空间规划主管部门配合下,优先指定以村镇为单位的草场保护点,上报 FOEN 并将其列入《国家重要干草草场和牧场清单》,并定期更新。根据长期修复计划,可对草场荒地进行人工播种修复,重点防治生物入侵、气候干旱等对草原生态造成损害。州政府须每 2 年向 FOEN 报告一次保护地情况。为贯彻执行《干草条例》,FOEN 制定了《干草条例实施指南》,按照目标植物群、灌木侵蚀风险、最佳割草频率以及海拔等条件,对草原或牧场治理的人工播撒草种频率提出科学指导。并建议为了防止外来物种的入侵,在保护地周边一定范围内进行草场播种时,应使用乡土草种。

3. 野生草种遗传资源利用相关政策

1998 年,瑞士野生植物保护委员会(现为瑞士植物物种信息数据中心)基于《自然和景观保护法》发布了《在生态型层面考虑遗传多样性的建议》(以下简称《建议》),针对濒临灭绝的本土野生植物种群种质资源采集、濒危种质资源异地保护和引入外来物种提出了实用性建议,包括:①培育开花草甸的种子和植物与受体地块须来自同一生物地理区域;②对于频繁使用和分类学上分化较差的物种,必须考虑 6 个主要分区——汝拉山、中西部高原区、阿尔卑斯山北坡、阿尔卑斯山以西、阿尔卑斯山以东和阿尔卑斯山南坡;③对于分布不规则的分类困难物种,必须遵守 11 个细分规则。此外,《建议》提示还应考虑地区环境差异,如海拔、土壤条件和暴露程度。《建议》还指出,不应以混合种子的形式销售濒危物种(Office fédéral de l'agriculture,2018)。

4. 新品种培育与保护机制

1996 年,为充分配合《农业法》对于加强农用种苗的国内繁育水平以确保种苗供应的发展原则,农业部向联邦政府提出《关于未来农业政策发展的信息》建议,旨在加强优良植物品种培育投入,为行业内从事种苗新品种培育的私营部门及专业组织提供资金支持,加快瑞士新品种培育。

2008 年,《植物品种保护条例》规定了在瑞士受到保护的植物品种。联邦种子和植物服务局(SSP)。通过配合联邦农业部对种子繁育企业产品进行认证,并对繁育相关业务进行监督,确保繁育生产的种苗符合国家和国际层面相关法规的最新要求。

5. 生态奖补政策促进混合草种利用

瑞士通过实施生态补偿机制,不断推进草原生物多样性修复。自 1993 年起,瑞士将约 10 万 hm² 的草甸、草原及农田划归为生态补偿区，针对大面积草甸开展修复、管理，鼓励播种含有 30 多种乡土草本植物的混合草种，营造生物多样性丰富的野花带，农业用地草甸生态质量达标者可申请直接补贴（吴学峰等，2019）。

为落实昆虫野花带的营造，2010 年，瑞士联邦农业部引入了第一代"生态质量贡献"标准（简称"SPB QI"），政府每年对每公顷农地直接拨付约 2800 瑞士法郎（约合 3000 美元）的补贴作为生态补偿。2014 年起，为鼓励更多农场主、农民建设野花带，瑞士农业部提出第二代"生态质量贡献"标准（简称"SPB QII"），旨在避免不符合准则的草种混合物导致植物种群单一化，鼓励牧场利用本土开花草甸混合草种，要求种子的生产信息能够详细追踪（WWF，2015）。政府同步补充修订直接补贴相关政策，规定在农业环境中建植花卉草甸时，应优先使用乡土草种。奖补的核定与发放基于有关部门赴申请者注册上报的生态草甸地点开展的样地调查，以 3m 半径的区域进行取样，对照《良好生态质量 45 种指示植物清单》，若样地中符合至少 6 种指示植物指标即为达标，可获得相应补贴。

至今瑞士鼓励野花带建植已有近 25 年，给农牧民带来了可观的收入。但瑞士现有经验表明，生态奖补政策的成效尚不明显，获得补贴的草原最终仍只在产量上有所增加，但对生态质量的实际贡献效果呈现下降趋势。原因是牧场主可以通过暂时播种混合草种应对样地调查，通过检查后可重新恢复追求产量的生产模式，而应付检查的播种成本在 1~2 年内即可收回。

（三）瑞士草种遗传资源保护与育种保障机制

瑞士联邦农业部负责落实《种子法》对草种种质资源收集、保存以及检验的相关规定。在种质资源收集保存的实施层面，由 Agroscope 负责建立和管理瑞士草种遗传资源库，通过形态学、农艺学和分子遗传性状记录重要野生牧草植物物种自然种群内部及其之间的遗传多样性。记录地点的变异性和地表的土地利用因素，对重要牧草植物物种进行有效的野外原位保存。目前，遗传资源库所管理品种达 1 万多个，以全面保护瑞士野生草种质资源亲本，为本土遗传资源的永续利用奠定了重要基础。新培育品种也收录在草种遗传资源库之中统一管理。目前，选育登记的草本植物新品种共 584 个，包括机构自主成品种、地方成品种、野生栽培品种、境外引进品种，其中机构自主育成品种约占 37%（Office fédéral de l'agriculture，2018）。

瑞士草种培育水平较高，草本植物育种、混合物开发和栽培指南制定体系较为成熟，国内实践经验丰富。Agroscope 在瑞士草种业技术创新与研发领域发挥着主导作用，代表联邦政府研究草种的遗传育种技术，向决策者、农业部门和社会提供该领域发展动态。Agroscope 所开展的草种业技术开发集中在种子混合试验、品种试验研究，以及草种的干旱期适应研究等，其技术体系集种子收集、保存、评价、利用、培育为一体。主要方向是通过开展瑞士牧草育种项目，培育选拔具有遗传多样性的新混合草种。遗传多样性研究所用的草种资源取自 3 种渠道，包括国家基因库中所收录、基于科研发现以及通过国际交流所获得的。通过分子诊断方法，在植物病理学实验协助下，选择和开发最合适的基因型，生产出以瑞士天然草地和牧场中的生态型为基础，分析能够适应普遍环境条件的基因型，开发最适合瑞士土壤、气候和管理的品种，培育具有竞争力的、高抗旱、抗病性优质草种品种。此外，还积极开展多功能、高效和可持续的草地利用、饲草生产、放牧制度，以及草地与养分管理研究等。

欧洲植物育种研究协会（EUCARPIA），苏黎世联邦理工学院（ETH）、农林食品科学学院（HAFL）和瑞士草原协会（AGFF）、饲草作物发展协会（ADCF）等都积极投身草种新品种研发，相互之间保持密切配合，定期举办技术研讨会，共同推进瑞士草种业种质资源保护、研发与利用。

（四）草种认证管理

1. 官方种子认证系统

瑞士种子生产须遵循《种子法》和《联邦经济部种子与植物法令》对饲料植物种子（包括草种）的生产、认证以及关于种子批次的质量要求和标识体系规范等相关法律法规要求。凡经过认证的种子将可获得"瑞士种子"标签，证明其具有较高质量，且种源为瑞士乡土种子。

在欧盟共同单一市场流通的草种产品须遵守欧盟《农产品贸易协议》（PAC），在《国家种子品种目录》中注册的种子以及被纳入欧洲共同体《品种共同目录》的品种均视为获得瑞士或欧盟认证，并允许在市场上流通，无须进一步认证。

瑞士草种的国际贸易也须符合欧盟及国际组织有关种子质量审查为核心的标准体系要求，如国际种子检测协会（ISTA）质量保证体系，以及国际植物新品种保护联合会（UPOV）的品种保护条例、OECD《种子计划》体系下的《区别、均匀性和稳定性标准》（DHS）等对种子质量等方面的要求（Office fédéral de l'agriculture，2018）。

2. 民间种子认证体系

瑞士民间也发展出一系列生态友好型标准体系。例如，草料养殖发展协会（ADCF）实行的质量标签是混合草种进入市场之前重要的有机产品认证标准体系，其质量标签强调"有机"和"混合"，确保种子经过独立的高标准有机测试。检验标准从混合草种的净度、有机程度和草种品种种类多个维度进行测试。所有草种供应商所提供的种子在有机性和混合品种数量上都符合统一标准（ADCF et al.，2021）。

又如 HoloSem 标准，为保护当地生态、防止外来物种入侵和促进物种多样性提供了标准体系。为了达到 SPB QII 的标准，HoloSem 标准要求混合草种包含100%的本土生态型（草和花），且种源来自受体表面附近的天然草地，保证种子是与当地草种生产农户或其他草种捐助地区的经营者合作生产的，不含外来物种。经过认证的种子被视为对生物多样性贡献度高且对气候有利。

当前，瑞士草种业在国内较为成熟的生态农业政策体系规范下，从法规、政策、科研三方面促进草种生态富集度。农业法规与环境政策与欧盟、国际层面公约要求充分协调，通过与国际标准对标、加强整体供应链各维度认证体系，提高牧民对生态有机草种的认可度。草种生产协会（或俱乐部）联合经营者加强知识产权保护，同时也向经营者宣传国家鼓励利用生态混合草种的相关政策，形成了特色生态草种产业。

参考文献

常生华，王蕾，姜佳昌，等，2023. 国内外草原调查监测历程与展望[J]. 草地学报，31（5）：1281-1292.

陈华林，2018. 坦桑尼亚：农业投资视野[J]. 中国投资(6)：41-44.

陈会敏，2017. 美国草原复垦工作经验及启示[J]. 草学(6)：1-3，11.

陈诗华，王玥，王洪良，等，2022. 欧盟和美国的农业生态补偿政策及启示[J]. 中国农业资源与区划，43(1)：10-17.

高世昌，肖文，李宇彤，2020. 德国的生态补偿实践及其启示[J]. 中国土地(5)：49-51.

郭爱民，2011. 英国圈地运动的模式及其对土地分配的历史考察[EB/OL]. （2011-01-05）[2024-10-11] http://economy.guoxue.com/？p=1202

郭贯成，朱海娣，吴群，2021. 耕地生态保护补偿的国际经验及其启示[J/OL]. 土地科学动态，3（2021-06-15）[2024-10-11] https://mp.weixin.qq.com/s/-KfEfpT-ToY2zmzeTKrE-Ag

韩建国，1999. 美国的牧草种子生产[J]. 世界农业(4)：43-45.

姜晔，刘爱民，陈瑞剑，2015. 坦桑尼亚农业发展现状与中坦农业合作前景分析[J]. 世界农业(11)：72-77.

李博，迟嵩，2009. 论美国草原保护法律对我国的启示[J]. 黑龙江省政法管理干部学院学报(2)：124-126.

廖望，陈洁，徐斌，等，2021. 乌拉圭草原生态保护与治理机制[J]. 林草政策研究，1（3）：89-96.

刘欣超，张靖，辛晓平，等，2022. 国外草原生态环境监测体系现状及对我国的启示[J]. 中国农业资源与区划，43(1)：1-9.

缪建明，李维薇，2006. 美国草地资源管理与借鉴[J]. 草业科学(5)：20-23.

南志标，王彦荣，贺金生，等，2022. 我国草种业的成就、挑战与展望[J]. 草业学报，31(6)：1-10.

彭琳，杜春兰，2019. 面向规划管理的国外国家公园监测体系研究及启示——以美国、加拿大、英国为例[J]. 中国园林, 35(8)：39-44.

任继周, 侯扶江, 2004. 草业科学框架纲要[J]. 草业学报(4)：1-6.

戎郁萍, 白可喻, 张智山, 2007. 美国草原管理法律法规发展概况[J]. 草业学报(5)：133-139.

时彦民, 左玲玲, 陈会敏, 2006. 加拿大草原管理启示[J]. 中国牧业通讯(1)：66-69.

宋丽弘, 唐孝辉, 2011. 内蒙古草原生态环境治理的国际合作思路[J]. 中国环境管理(4)：26-31.

宋国明, 2010. 英国土地规划管理[J]. 国土资源情报(12)：2-6.

孙鸿烈, 2000. 中国资源科学百科全书[M]. 北京：中国大百科全书出版社.

唐海萍, 陈姣, 房飞, 2014. 世界各国草地资源管理体制及其对我国的启示[J]. 国土资源情报(10)：9-17.

王成艳, 2019. 蒙古国草原畜牧业生态保护的法律透视[J]. 中国畜牧业(1)：54-56.

王坚, 2013. 美国牧草产业饲料产业考察报告[J]. 草原与草业(2)：10-14.

王卷乐, 程凯, 祝俊祥, 等, 2018. 蒙古国30米分辨率土地覆盖产品研制与空间格局分析[J]. 地球信息科学学报, 20(9)：1263-1273.

吴学峰, 高亦珂, 谢哲城, 等, 2019. 昆虫野花带在农业景观中的应用[J]. 中国生态农业学报(中英文), 27(10)：1481-1491.

徐百志, 杨智, 石俊华, 等, 2020. 美国草原法律制度体系建设的借鉴与启示[J]. 林业资源管理(3)：127-132.

徐君韬, 2011. 加拿大社区牧场模式对内蒙古草原牧区建设的启示[J]. 北方经济(20)：85-86.

许荣, 肖海峰, 2020. 美国新农业法案中农业补贴政策的改革及启示[J]. 华中农业大学学报(社会科学版)(2)：135-142, 169.

杨惠芳, 2003. 阿根廷农业税收制度及其对中国的启示[J]. 拉丁美洲研究(2)：22-25, 64.

杨振海, 李明, 张英俊, 等, 2015. 美国草原保护与草原畜牧业发展的经验研究[J]. 世界农业(1)：36-40.

张经荣, 2016. 中美草原发展政策对比研究[J]. 中国农业信息(15)：33-34.

张英俊, 李兵, 等, 2011. 世界草原[M]. 北京：中国农业出版社.

赵安, 2021. 重新定义我国《草原法》中的"草原"[J]. 草业学报, 30(2)：190-198.

中华人民共和国农业农村部, 2016. 农业部关于印发《全国草原保护建设利用"十三五"规划》的通知：农牧发［2016］16 号［A/OL］.（2017-01-20）［2024-10-11］. http://www.moa.gov.cn/nybgb/2017/dyiq/201712/t20171227_ 6129885.htm

钟天润, 冯晓东, 王建强, 2015. 新西兰种子认证与植物检疫风险控制体系[J]. 中国植保导刊, 35(5)：82-84.

ADDISON J, FRIEDEL M, BROWN C, et al., 2012. The critical review of degradation assumptions applied to Mongolia's Gobi Desert[J]. The Rangeland Journal, 34：125-137.

ALLENB, HART K, RADLEY G, et al., 2013. Biodiversity protection through results based re-muneration of ecological achievement. [EB/OL]. [2024-7-15]. https://eur-lex. europa. eu/legal-content/EN/TXT/PDF/? uri=CELLAR:38c08b38-8d14-4e20-967c-f844986e9dc0

ANDERSON N, HULTING A, WALENTA D, et al., 2020. Seed Production Research 2020[R/OL]. [2022-09-02]. https://oregonseedcouncil. org/wp-content/uploads/2024/07/2020. pdf

AUNES, BRYN A, HOVSTAD K A, 2018. Loss of semi-natural grassland in a boreal landscape: impacts of agricultural intensification and abandonment[J/OL]. Journal of Land Use Science, 13(4): 375-390.

BAILEYA, MCCARTNEY D, SCHELLENBERG M, 2024. Management of Canadian Prairie Rangeland [EB/OL]. [2024-10-11]. https://www. researchgate. net/publication/228385093 _Management_of_Canadian_Prairie_Rangeland.

BAINBRIDGE I, BROWN A, BURNETT N, et al.,2024. Guidelines for the Selection of Biological SSSIs Part 1 : Rationale, Operational Approach and Criteria for Site Selection Editors. [EB/OL]. (2013-12-01) [2024-10-11]. https://hub. jncc. gov. uk/assets/dc6466a6-1c27-46a0-96c5-b9022774f292.

BARDGETT R D, BULLOCK J M, LAVOREL S, et al., 2021. Combatting global grassland degra-dation[J/OL]. Nature Reviews Earth & Environment, 2(10):720-735. https://doi. org/10. 1038/s43017-021-00207-2.

BARTKOWSKI B, DROSTE N, LIEB M, et al.,2021. Payments by modelled results: A novel de-sign for agri-environmental schemes[J/OL]. Land Use Policy, 102:105230. https://doi. org/10. 1016/j. landusepol. 2020. 105230.

BASHIRI I, MUZZO B I, MALEKO D, et al., 2023. Review: Rangeland management in Tanzania: Opportunities, challenges, and prospects for sustainability[J]. International Journal of Tropical Drylands, 7(2):83-102.

BENGTSSON J,BULLOCK J M, EGOH B, et al., 2019. Grasslands—more important for ecosys-tem services than you might think[J/OL]. Journal of Ecological Society of America, 10(2). [2023-08-19]. https://esajournals. onlinelibrary. wiley. com/doi/10. 1002/ecs2. 2582 ht-tps://doi. org/10. 1002/ecs2. 2582.

BENNETT J E,2013. Institutions and governance of communal rangelands in South Africa. African Journal of Range & Forage Science, 30(1/2):77-83.

BIFFI F, TRALDI R, CREZEE B, et al.,2021. Aligning agri-environmental subsidies and envi-ronmental needs: a comparative analysis between the US and EU[J/OL]. Environmental Re-search Lettet, (16):054067. [2024-03-20]. https://doi. org/10. 1088/1748-9326/abfa4e.

BIGELOW D P, BORCHERS A,2017. Major Uses of Land in the United States, 2012[R/OL]. [2023-11-08]. https://www. ers. usda. gov/webdocs/publications/84880/eib-178. pdf? v=6835. 4.

BRAZEIRO A, ACHKAR M, TORANZA C, et al., 2020. Agricultural expansion in Uruguayan

155

grasslands and priority areas for vertebrate and woody plant conservation[J/OL]. Ecology and Society, 25(1):15. [2024-05-09]. https://www. ecologyandsociety. org/vol25/iss1/art15/ https://doi. org/10. 5751/ES-11360-250115.

BUBBICO A, MARTÍNEZ P, BLANCO M, et al., 2016. Impact of CAP green payment on different farming systems: the case of Ireland and Spain[C].//Proceedings of Agricultural Economics Society of Ireland Conference. Dublin, Ireland.

CARBUTT C, KIRKMAN K, 2022. Ecological grassland restoration—A south African perspective. Land, 11(4),575. https://doi. org/10. 3390/land11040575.

CARBUTT C, TAU M, STEPHENS A, et al., 2011. The conservation status of temperate grasslands in southern Africa[J]. Grassroots, 11:17-23.

CHRISTOPHER J, 2018. The Australian National Landcare Programme[EB/OL]. [2023-10-12] http://www. futuredirections. org. au/publication/australian-national-landcare-programme/.

CHYNOWETH R J, PYKE N B, ROLSTON M P, et al., 2015. Trends in New Zealand herbage seed production: 2004-2014[J]. Agronomy New Zealand, 45:47-56.

Commission suisse pour la conservation des plantes sauvages, 2009. Recommandations pour la production et l'utilisation de semences et de plants de fl eurs sauvages indigènes[R/OL]. [2022-6-07]. https://www. infoflora. ch/fr/assets/content/documents/recommandations_pltes_sauvages_D_F/Recommandations_fl. sauvages. pdf.

CULLEN,P, DUPRAZ,P, MORAN, J, et al.,2018. Agri-environment scheme design: Past lessons and future suggestions. Eurochoices, 17 (3): 26-30.

CULLEN P, HYNES S, RYAN M, et al., 2021. More than two decades of Agri-Environment schemes: Has the profile of participating farms changed? [J/OL] Journal of Environmental Management, 292. [2024-7-23]. https://doi. org/10. 1016/j. jenvman. 2021. 112826.

DAFF,2013. The Australian Collaborative Rangelands Information System (ACRIS): Reporting Change in the Rangelands[R/OL]. [2021-06-27]. https://www. dcceew. gov. au/sites/default/files/documents/acris-reporting-change. pdf.

DAFFA J M, 2011. Policy and governance assessment of coastal and marine resources sectors within the framework of large marine ecosystems for ASCLME in Tanzania[R/OL]. [2021-03-19]. https://www. nairobiconvention. org/clearinghouse/sites/default/files/32% 20Tanzania% 20Policy%20and%20Governance%20Final%20Report%20ASCLME. pdf.

DAVIES W, 1959. Grassland Management. Nature, 184(4700), 1675-1675. [2024-03-01]. https://doi. org/10. 1038/1841675a0.

DAY L,2007. Status of Biodiversity Monitoring in the Rangelands[R/L]. [2021-05-21]. https://www. agriculture. gov. au/sites/default/files/documents/rangelands-biodiversity-monitoring-status-lynnday-consultancy-oct07. pdf.

DÚBRAVKOVÁ D, HAJNALOVÁ M, 2012. The dry grasslands in Slovakia: History, classification and management[M]. Springer.

DCCEEW,2024. Rangelands policies and strategies[R/OL]. [2024-2-13]. https://www. dc-ceew. gov. au/environment/land/rangelands/rangelands-policies-and-strategies.

DEFRA, 2009. SSSI legislative timeline. [2022-0105]. http://webarchive. nationalarchives. gov. uk/20130402151656/http://archive. defra. gov. uk/rural/protected/sssi/legislation. htm.

DEFRA, 2015. Agriculture in the United Kingdom 2014[R/OL]. [2022-06-02]. https://as-sets. publishing. service. gov. uk/media/5a81b86ee5274a2e8ab557f7/auk-2014-28may15a. pdf.

DEFRA,2017. Final Land Use, Livestock Populations and Agricultural Workforce in England[R/OL]. [2022-05-23]. www. statistics. gov. uk.

DELLAFIORE C, SYLVESTER F, NATALE E, 2002. Zonificación del Parque Nacional Talam-paya, La Rioja, Argenti-na[J]. Crónica Forestal y del Medio Ambiente, 17: 23-38.

DENGLER J, BIRGE T, BRUUN H H, et al., 2020. Grasslandsof Northern Europeand the Baltic States[M].//Encyclopedia of the World's Biomes. Elsevier.

DENSAMBUU B, SAINNEMEKH S, BESTELMEYER B, et al.,2018. National report on the rangeland health of Mongolia: Second Assessment[R]. Green Gold-Animal Health Project, SDC; Mongolian National Federation of PUGs. Ulaanbaatar.

Department of Foreign Affairs and Trade, 2018. International cooperation on climate change[R/OL]. [2022-05-09]. https://dfat. gov. au/international-relations/themes/climate-change/Pages/international-cooperation-on-climate-change. aspx.

Department of Planning, Lands and Heritage, 2018. Pastoral Lands Board[R/OL]. [2022-05-19]. http://www. lands. wa. gov. au/Leases/Pastoral-Lands-Board/Pages/default. aspx.

Department of Primary Industries and Regional Development,2018. Rangelands of Western Aus-tralia[R/OL]. [2022-05-28]. https://www. agric. wa. gov. au/rangelands/rangelands-west-ern-australia.

DIVIAKOVÁ A, STAŠIOV S, PONDELÍK R, et al.,2021. Environmental and Management Control over the Submontane Grassland Plant Communities in Central Slovakia[J/OR]. Diversity, 13 (1):30. https://doi. org/10. 3390/d13010030.

DRUCKENBROD C, BECKMANN V, 2018. Production-Integrated Compensation in Environmen-tal Offsets—A Review of a German Offset Practice[J/OR]. Sustainability, 10, 4161. [2024-01-06]. doi:10. 3390/su10114161.

EGOH B N, REYERS B, ROUGET M, et al., 2011. Identifying priority areas for ecosystem service management in South African grasslands[J]. Journal of Environmental Management, 92(6): 1642-1650.

ELLIOTT J, TINDALE S, OUTHWAITE S, et al., 2024. European permanent grasslands: A sys-tematic review of economic drivers of change, including a detailed analysis of the Czech Repub-lic, Spain, Sweden, and UK[J/OR]. Land, 13, 116. https://doi. org/10. 3390/land13010116.

ELLIOTT T, THOMPSON A, KLEIN A M, et al.,2023. Abandoning grassland management nega-tively influences plant but not bird or insect biodiversity in Europe[J]. Conservation Science and

Practice, 5(10):e13008. https://doi. org/10. 1111/csp2. 13008.

Environment and Climate Change Canada,2024. Canadian environmental sustainability indicators: Canada's conserved areas[EB/OL]. [2024-06-09]. https://www. canada. ca/content/dam/eccc/documents/pdf/cesindicators/canada-conserved-areas/2024/conserved-areas. pdf.

Environment and Parks, Government of Alberta,2018. Range inventory manual for forest reserve allotments and grazing leases within rocky mountain, foothills, parkland and grassland natural regions[EB/OL]. [2024-02-18]. https://open. alberta. ca/dataset/b5ef5c6d-e1ac-478e-a311-d30dd247f07f/resource/2e47e959-b7e5-4b5b-ac04-92ef084e6215/download/range-inventory-manual-2018. pdf.

EU Agriculture and Rural Development (EU ARD), 2017. Technical Handbook on the Monitoring and Evaluation Framework of the Common Agricultural Policy 2014-2020[EB/OL]. [2024-04-23]. https://agriculture. ec. europa. eu/document/download/2e58f2df-0cf1-427a-b00a-27c78a536bfa_en? filename = technical-handbook-monitoring-evaluation-framework_june17_en. pdf.

European Union, 2023. Summary of CAP Strategic Plans for 2023-2027:Joint effort and collective ambition[EB/OL]. [2024-04-25]. https://agriculture. ec. europa. eu/document/download/6b1c933f-84ef-4b45-9171-debb88f1f757_en? filename=com-2023-707-report_en. pdf.

FALAYI M, GAMBIZA J, SCHOON M, 2022. 'The ghost of environmental history': Analysing the evolving governance of communal rangeland resources in Machubeni, South Africa. People Nature, 4(4):866-878.

FAR,2021. New seed certification information system[EB/OL]. [2021-11-15]. https://www. far. org. nz/resources/new-seed-certification-information-system.

FEEHAN J, GILLMOR D A, 2005. Effects of an agri-environment scheme on farmland biodiversity in Ireland[J]. Agriculture, Ecosystems & Environment, 107(2-3): 275-286.

FERNANDEZ-CORNEJO J, KING J, HEISEY P, et al., 2004. Theseed industry in U. S. agriculture[R/OL]. [2024-01-21]. https://www. ers. usda. gov/webdocs/publications/42517/13616_aib786_1_. pdf? v=7353. 4.

FERNANDEZ-GIMENEZ M,2006. Land use and land tenure in Mongolia: a brief history and current issues[C]. Rangelands of Central Asia: proceedings of the conferences on transformations, issues, and future challenges. 30-36.

FERNÁNDEZ D S, PUCHULU M E, CÉSAR M, et al., 2022. Agricultural land degradation in Argentina[M]//Impact of Agriculture on Soil Degradation (I): The Handbook of Environmental Chemistry. Cham. :Springer. https://doi. org/10. 1007/698_2022_917.

FRANCO J A, GASPAR P, MESIAS F J, 2012. Economic analysis of scenarios for the sustainability of extensive livestock farming in Spain under the CAP[J]. Ecological Economics, 74: 120-129.

FULLER R M, 1987. The changing extent and conservation interest of lowland grasslands in England and Wales: A review of grassland surveys 1930–1984[J]. Biological Conservation, 40 (4), 281–300.

GEAUMONT B A, SEDIVEC K K, SCHAUER C S, 2017. Ring-necked pheasant use of post-Conservation Reserve Program lands. Rangeland Ecological Management, 70: 569–575.

GEIBLER K, BLAUM N, von MALTITZ G P, et al., 2024. Biodiversity and ecosystem functions in southern African savanna rangelands:Threats, impacts and solutions. Ecological Studies, 2024, 248: 407–438.

GHIMIRE P, 2020. Community based forest management in Nepal: Current status, successes and challenges. Grassroots Journal of Natural Resources, 3:16–29.

Government of Canada,2024. Ecological integrity of national parks[EB/OL]. [2022–07–09]. https://www. canada. ca/content/dam/eccc/documents/pdf/cesindicators/ecological-integrity-of-national-parks/2024/Ecological-integrity-national-parks-en. pdf.

Government of Nepal, 2014. Nepal National Biodiversity Strategy and Action Plan 2014–2020 [EB/OL]. [2024–03–01]. https://www. cbd. int/doc/world/np/np-nbsap-v2-en. pdf.

Government of Nepal, 2022. Protected Area Management Strategy 2022–2030[EB/OL]. [2022–08–04]. https://dnpwc. gov. np/media/publication/PA_Management_Strategy_2022–2030. pdf.

Grassland Restoration Forum (GRF),2022. Targeted grazing for vegetation management: plant and animal interactions and recommended monitoring protocols[EB/OL]. [2022–5–21]. https:// grassland restoration forum. ca/targeted-grazing-monitoring-protocols/.

GUYOMARD H, DÉTANG-DESSENDRE C, DUPRAZ P, et al.,2023. How the green architecture of the 2023–2027 Common Agricultural Policy could have been greener[J]. Ambio, 52: 1327–1338.

HAENSEL M, SCHEINPFLUG L, RIEBL R, et al., 2023. Policy instruments and their success in preserving temperate grassland: Evidence from 16 years of implementation[J/OL]. Land Use Policy,132: 106766. [2024–05–29]. https://doi. org/10. 1016/j. landusepol. 2023. 106766.

HELGADÓTTIR Á, FRANKOW-LINDBERG B E, SEPPÄNEN M M, et al., 2014. European grasslands overview: Nordic region[C]. EGF General Meeting on the Future of European Grasslands. Aberystwyth, UK.

HELZER C,2018. Interview: An Introduction to South African Grasslands[EB/OL]. [2018–3–1]. https://prairieecologist. com/2018/05/01/interview-an-introduction-to-south-african-grasslands/.

HISEY F, HEPPNER M, OLIVE A, 2022. Supporting native grasslands in Canada: Lessons learned and future management of the Prairie Pastures Conservation Area (PPCA) in Saskatchewan [J/OL]. Canadian Geographies, 66(4): 629–824, e24–e33. [2024–05–28]. https://onlinelibrary. wiley. com/doi/epdf/10. 1111/cag. 12768. https://doi. org/10. 1111/cag. 12768.

HURLBURT V,1935. The Taylor Grazing Act. The Journal of Land & Public Utility Economics, 11(2):203–206. https://doi. org/10. 2307/3158670.

IGL L D, BUHL D A, van der BURG M P, et al., 2023. Converting CRP grasslands to cropland, grazing land, or hayland: Effects on breeding bird abundances in the northern Great Plains of the United States[J/OL]. Global Ecology and Conservation, 2023, 46. [2024-04-22]. https://doi. org/10. 1016/j. gecco. 2023. e02629.

International Savanna Fire Management Initiative, 2018. Botswana Project[EB/OL]. [2022-09-23]. http://isfmi. org/botswana#overview.

Joint Nature Conservation Committee, 2018. UK lowland grassland habitats[EB/OL]. [2022-09-25]. http://jncc. defra. gov. uk/page-1431.

KISSINGER M, REES W E, 2009. Footprints on the prairies: Degradation and sustainability of Canadian agricultural land in a globalizing world[J/OL]. Ecological Economics, 68(8-9) : 2009, 2309-2315. [2024-05-07]. https://doi. org/10. 1016/j. ecolecon. 2009. 02. 022.

KIZEKOVA M, DUGÁTOVÁ Z, 2016. Agroecosystem services and current state of grasslands in the Slovak Republic[M/OL]. Banská Bystrica. [2024-01-05]. https://www. researchgate. net/publication/314154239_Agroecosystem_services_and_current_state_of_grasslands_in_the_ Slovak_Republic.

KIZEKOV M, HOPKINS A, KANIANSKA R, et al., 2018. Changes in the area of permanent grassland and its implications for the provision of bioenergy: Slovakia as a case study[J]. Grass and Forage Science, 73:218-232.

KRAUS D, MURPHY S, ARMITAGE D, 2021. Ten bridges on the road to recovering Canada's endangered species[J]. FACETS, 6:1088-1127.

LAFORGE J, CORKAL V, COSBEY A, 2021. Farming the Future: Agriculture and climate change on the Canadian Prairies[EB/OL]. [2024-05-19]. https://www. iisd. org/system/ files/2021-11/farming-future-agriculture-climate-change-canadian-prairies. pdf.

LARK T J, 2020. Protecting our prairies: Research and policy actions for conserving America's grasslands[J/OL]. Land Use Policy, 2020, 97. [2024-05-09]. https://doi. org/10. 1016/j. landusepol. 2020. 104727.

LECHMERE-OERTEL R, 2014. Managing grasslands for biodiversity[EB/OL]. [2024-01-06]. https://www. farmersweekly. co. za/conservation-agriculture/managing-grasslands-for-biodiversity/.

LIU P F, WANG Y, ZHANG W, 2022. The influence of the Environmental Quality Incentives Program on local water quality[J/OL]. American Journal of Agricultural Economics. [2024-04-09]. https://onlinelibrary. wiley. com/doi/10. 1111/ajae. 12316. https://doi. org/10. 1111/ ajae. 12316.

LORENZ K, LAL R, 2022. Terrestrial land of the United States of America[M/OL]. //Soil Organic Carbon Sequestration in Terrestrial Biomes of the United States. Cham. Springer. [2024-04-02]. https://doi. org/10. 1007/978-3-030-95193-1_1.

Mainland Natural England, 2015. Countryside Stewardship Update[EB/OL]. [2024-02-27].

https://doi. org/10. 1016/j. neubiorev. 2011. 04. 013.

MASSFELLER A, MERANER M, HÜTTEL S, et al., 2020. Farmers' acceptance of results-based agri-environmental schemes: A German perspective[J/OL]. Land Use Policy, 120: 106281. [2024-05-17]. https://www. sciencedirect. com/science/article/pii/S0264837722003088. https://doi. org/10. 1016/j. landusepol. 2022. 106281.

MCELDOWNEY J, RACHELE R, 2021. CAP strategic plans: Issues and expectations for EU agriculture[EB/OL]. [2024-02017]. https://www. europarl. europa. eu/RegData/etudes/BRIE/2021/690608/EPRS_BRI(2021)690608_EN. pdf.

MCGURK E, HYNES S, THORNE F, 2020. Participation in agri-environmental schemes: A contingent valuation study of farmers in Ireland. Journal of Environmental Management, 262: 110243. [2024-05-12]. https://doi. org/10. 1016/j. jenvman. 2020. 110243.

MCIVOR J G,2018. Australian grasslands[EB/OL]. [2024-03-15]. http://www. fao. org/docrep/008/y8344e/y8344e0g. htm#bm16. 9.

MCMASTER D, DAVIS S, 2001. An evaluation of Canada's Permanent Cover Program: Habitat for grassland birds? [EB/OL]. [2024-04-18]. https://www. collectionscanada. gc. ca/obj/thesescanada/vol2/002/MR88568. PDF? is_thesis = 1&oclc_number = 910774440.

Merino M L,Semeñiuk M B, Fa J E,2011. Effect of cattle breeding on habitat use of Pampas deer Ozotoceros bezoarticus celer in semiarid grasslands of San Luis, Argentina[J]. Journal of Arid Environments,75(8):752-756.

MGAP,2021. Prevencion de incendios forestales [EB/OL]. (2017. 12. 17) [2021-03-01]. https://www. gub. uy/ministerio-ganaderia-agricultura-pesca/comunicacion/noticias/prevencion-incendios-forestales.

MIAO R, HENNESSY D A, FENG H, 2016. The Effects of crop insurance subsidies and sodsaver on land-use change. Journal of Agricultural and Resource Economics, 41(2), 247-265.

MIÑARRO F, BILENCA D, 2010. The conservation status of temperate grasslands in Central Agentina[EB/OL]. [2022-09-21]. http://awsassets. wwfar. panda. org/downloads/conservation_status_temperate_grasslands. pdf.

MICHELSON A,2024. Temperate grassland of South America[EB/OL]. [2024-5-30]. https://iucn. org/sites/default/files/import/downloads/pastizales_templados_de_sudamerica. pdf.

MIEM,2021. Horariolorarios y modalidad de atencion en la Direccion Nacionalde Mineriay Geologia [EB/OL]. (2020. 12. 01) [2021-03-01]. https://www. gub. uy/min-isterio-industria-energia-mineria/politicas-y-gestion/horarios-modalidad-atencion-direccion-nacional-mineria-geologia.

Minister for Environment and Water, 2018. Pastoral Land Management and Conservation Act 1989 [EB/OL]. [2021-05-23]. https://www. legislation. sa. gov. au/LZ/C/A/PASTORAL%20LAND%20MANAGEMENT%20AND%20CONSERVATION%20ACT%201989. aspx.

Ministry of Environment and Green Development (MEGD),2013. Making Grasslands Sustainable in Mongolia Adapting to Climate and Environmental Change[R/OL]. [2024-01-07]. https://www. adb. org/sites/default/files/publication/31145/making-grasslands-sustainable-mongolia. pdf.

Ministry of Environment and Green Development(MEGD),2014. Mongolia Second Assessment Report on Climate Change-2014[R/OL]. [2021-04-09]. https://www4. unfccc. int/sites/submissions/INDC/Published%20Documents/Mongolia/1/150924_INDCs%20of%20Mongolia. pdf.

MUDAU H S, MSIZA N H, SIPANGO N, et al., 2022. Veld restoration strategies in South African semi-arid rangelands. Are there any successes? —A review[J/OL]. Frontiers in Environment Science,10:960345. [2024-04-09]. https://www. frontiersin. org/journals/environmental-science/articles/10. 3389/fenvs. 2022. 960345/full. DOI: 10. 3389/fenvs. 2022. 960345.

MVOTMA,2020. Que es el Ordenamiento Territo-rial? [EB/OL]. (2020. 07. 13) [2021-02-02]. https://www. gub. uy/ministerio-vivienda-ordenamiento-territorial/politicas-y-gestion/es-ordenamiento-territorial.

NANDINTSETSEG B, BOLDGIV B, CHANG J F, et al., 2021. Risk and vulnerability of Mongolian grasslands under climate change[J/OL]. Environmental Research Letters,16 034035. [2024-07-12]. https://iopscience. iop. org/article/10. 1088/1748-9326/abdb5b Doi:10. 1088/1748-9326/abdb5b.

NATALE E S, 2012. Zonificación del Parque Nacional Sierra de las Quijadas (San Luis-Argentina). Latin American Journal of Conservation,2:73-77.

National Bureau of Statistics (NBS),2017. National environment statistics report (NESR, 2017) - Tanzania Mainland[R/OL]. [2022-09-08]. https://nbs. go. tz/nbs/takwimu/Environment/NESR_2017. pdf.

National Committee on Combatting Desertification of Mongolia(NCCDM),2018. National Report on Voluntary target Setting to Achieve Land Degradation Neutrality in Mongolia[R/OL]. [2021-05-28]. https://www. unccd. int/sites/default/files/ldn_targets/2019-08/Mongolia% 20LDN%20TSP%20Country%20Report. pdf.

National Geographic,2023. Grasslands Explained [EB/OL]. [2023-10-8]. https://education. nationalgeographic. org/resource/grasslands-explained/.

Natural Resource Management Ministerial Council, 2009. Australia's Strategy for the National Reserve System 2009-2030[EB/OL]. [2022-08-07]. https://www. dcceew. gov. au/sites/default/files/documents/nrsstrat. pdf.

Natural Resource Management Ministerial Council, 2010. Principles for Sustainable Resource Management in the Rangelands[EB/OL]. [2022-08-07]. https://www. dcceew. gov. au/sites/default/files/env/pages/c61919d9-599e-451d-960e-364e03170e8d/files/rangelands-principles. pdf.

NCC,2024. Canada's Grasslands[EB/OL]. [2024-01-14]. https://www. natureconservancy. ca/assets/documents/nat/FS_grasslands_FIN. PDF.

NERNBERG D, INGSTRUP D, 2005. Prairie conservation in Canada: The prairie conservation action plan experience[EB/OL]. [2024-01-14]. https://www. albertapcf. org/rsu_docs/prairie-conservation-in-canada. pdf.

NEVE J, DINIEGA R, BILEGSAIKHAN S, et al., 2017. The changing climates, cultures and choices of Mongolian nomadic pastoralists [R/OL]. Migration, Environment and Climate Change:Policy Brief Series, 3(1):10-17. [2024-07-09]. https://publications. iom. int/system/files/pdf/policy_brief_series_vol3_issue1. pdf.

NKONYA E,MIRZABAEV A, VON BRAUN JOACHIM,2016. Economics of land degradation and improvement-A global assessment for sustainable development[M]. Springer Open. https://doi. org/10. 1007/978-3-319-19168-3_11.

Office fédéral de l'agriculture(OFAG),2008. Variétés, semences et plants en Suisse[EB/OL]. [2021 - 11 - 19]. https://www. blw. admin. ch/dam/blw/fr/dokumente/Markt/Einfuhr%20von%20Agrarprodukten/Saatgetreide%20und%20Saemereien/PublSorten. pdf. download. pdf/Publication%20Varietes%20semences%20et%20plants_fr. pdf.

Office fédéral de l'environnement (OFEV),2009. Exploitation des prairies et pâturages secs. [R/OL]. [2021-11-19]. https://www. bafu. admin. ch/bafu/fr/home/themes/biodiversite/publications/publications-biodiversite/dossier-prairies. html.

Office for National Statistics, 2018. UK natural capital : developing semi-natural grassland ecosystem accounts 1-41[EB/OL]. [2021-12-10]. https://doi. org/www. ijsf. org/dat/art/vol01/ijsf_vol1_no1_03_kanel_nepal. pdf.

PAKEMAN R J, BEATON J, FIELDING D, et al.,2021. Evaluation of the biodiversity outcomes of the 2014-20 SRDP Agri-Environment Climate Scheme through a selection of case studies[R/OL]. NatureScot Research Report 1254. [2024-08-02]. https://www. nature. scot/doc/naturescot-research-report-1254-evaluation-biodiversity-outcomes-2014-20-srdp-agri-environment.

PALLARÉS O R, BERRETTA E J, MARASCHIN G E, 2015. The South American Campos Ecosystem[M].//Grassland of the World:Diversity, management and conservation. Boca Raton, US:CRC Press.

PALMER A, BENNETT J,2013. Degradation of communal rangelands in South Africa: towards an improved understanding to inform policy[J]. African Journal of Range and Forage Science, 30:1-2, 57-63.

PANDE R, 2009. Status of rangeland resources and strategies for improvements in Nepal. Cab Reviews: Perspectives in Agriculture, Veterinary Science, Nutrition and Natural Resources[J]. CABI Review, 4(47): 1-11.

Parks Canada, 2024. Principles and Guidelines for Ecological Restoration in Canada's Protected Natural Areas[EB/OL]. [2024-05-23]. https://parks. canada. ca/nature/science/conservation/ie-ei/re-er/pag-pel.

PAZÚR R, LIESKOVSKÝ J, FERANEC J, et al., 2014. Spatial determinants of abandonment of large-scale arable lands and managed grasslands in Slovakia during the periods of post-socialist transition and European Union accession[J]. Applied Geography, 54: 118-128.

PEETERS A, BEAUFOY G, CANALS R M, et al., 2014. Grassland term definitions and classifi- cations adapted to the diversity of European grassland-based systems[C]. // Proceedings of the 25th European Grassland Federation Conference EGF at 50: The Future of European Grasslands.

PEET N B, WATKINSON A R, BELL D J, et al., 1999. The conservation management of Impera- ta cylindrica grassland in Nepal with fire and cutting: an experimental approach[J]. Journal of Applied Ecology,36(3): 374-387.

QI A, HOLLAND R A, TAYLOR G, et al., 2018. Grassland futures in Great Britain-Productivity assessment and scenarios for land use change opportunities[J]. Science of The Total Environ- ment, 634:1108-1118.

Rangelands NRM Co-ordinating Group, 2005. A Strategy for Managing the Natural Resources of Western Australia's Rangelands[EB/OL]. [2024-01-09]. https://library. dbca. wa. gov. au/ static/FullTextFiles/071025. pdf.

READING R, WINGARD G, TUVDENDORJ S, et al., 2015. The crucial importance of protected areas to conserving Mongolia's natural heritage[M]. //Protecting the Wild. Spinger.

REYNAL V, LUCAS, N, 2019. Grassland conservation in Argentina[EB/OL]. [2021-05-09]. https://www. pawstrailsmagazine. com/grassland-conservation-in-argentina/.

RICHARD C, SAH J P, BASNET K,1999. Grassland Ecology and Management in Protected Areas of Nepal[M]. //Technical and Status Papers on Grasslands of Mountain Protected Areas. Kath- mandu, Nepal: International Centre for Integrated Mountain Development (ICIMOD).

RIDDING L E, REDHEAD J W, PYWELL R F, 2015. Fate of semi-natural grassland in England between 1960 and 2013: A test of national conservation policy[J]. Global Ecology and Conser- vation, 4:516-525.

RISCHETTE A C, GEAUMONT B A, ELMORE R D, et al., 2021. Duck nest density and surviv- al in post-Conservation Reserve Program Lands. Wildlife Society Bulletin, 45: 630-637.

SAINNEMEKH S, BARRIO I C, DENSAMBUU B, et al.,2022. Rangeland degradation in Mongo- lia: A systematic review of the evidence[J/OL]. Journal of Arid Environments, 196: 104654. [2024-05-06]. https://doi. org/10. 1016/j. jaridenv. 2021. 104654.

SCASSO F,2019. Protecting land and biodiversity in Uruguay[EB/OL]. [2019-6-7]. https:// www. undp. org/blog/protecting-land-and-biodiversity-uruguay.

SCHILS R L M, BUFE C, RHYMER C M, et al., 2022. Permanent grasslands in Europe: Land use change and intensification decrease their multifunctionality[J/OL]. Agriculture, Ecosystems & Environment, 330:107891. [2024-06-09]. https://www. sciencedirect. com/science/arti- cle/pii/S0167880922000408. https://doi. org/10. 1016/j. agee. 2022. 107891.

SELEMANI I S, 2020. Indigenous knowledge and rangelands' biodiversity conservation in Tanzania: success and failure[J]. Biodiversity Conservation, 29:3863-3876.

SLOOTEN E, JORDAAN E, WHITE J D M, et al., 2023. South African grasslands and ploughing: Outlook for agricultural expansion in Africa[J/OL]. South Africa Journal of Science. 119 (9/10): 15540. [2024 - 07 - 08]. https://journals. co. za/doi/pdf/10. 17159/sajs. 2023/ 15540. https://doi. org/10. 17159/sajs. 2023/15540.

South Africa Government,2024. Forestry, Fisheries and the Environment[EB/OL]. [2024 - 2 - 1]. https://www. gov. za/about-sa/forestry-fisheries-and-environment.

SPONAGEL C, ANGENENDT E, PIEPHO H P, et al.,2021. Farmers' preferences for nature conservation compensation measures with a focus on eco-accounts according to the German Nature Conservation Act[J]. Land Use Policy(104):1-16.

SQUIRES V, DENGLER J, FENG H Y, et al., 2018. Grasslands of the world: Diversity, management and conservation[M]. Boca Raton, US:CRC Press.

STANIMIROVA R, GARRETT R, 2020. Pasturelands, Rangelands, and Other Grazing Social-ecological Systems[M].//Managing Soils and Terrestrial Systems. Boca Raton,US:CRC Press.

STRAFFELINI E, LUO J, TAROLLI P, 2024. Climate change is threatening mountain grasslands and their cultural ecosystem services. CATENA, 237:107802. [2024-03-06]. https://www. sciencedirect. com/science/article/pii/S0341816223008937. https://doi. org/10. 1016/j. catena. 2023. 107802.

SÄUMEL I, LEONARDO R, SARAH T, et al. 2022. Back to the future-Conservative grassland management for Anthropocene soils in the changed landscapes of Uruguay? [EB/OL].[2024- 05-09]. https://doi. org/10. 5194/egusphere-2022-335.

SUTTIE J M, REYNOLDS S G, BATELLO C, 2005. Grassland of the World[M]. Rome:FAO.

TargetStudy, 2018. Grassland[EB/OL].[2021-05-09]. https://targetstudy. com/nature/habitats/grasslands/.

THAPA S K, de JONG J F, SUBEDI N, et al., 2021. Forage quality in grazing lawns and tall grasslands in the subtropical region of Nepal and implications for wild herbivores. Global Ecology and Conservation,30:e01747 https://doi. org/10. 1016/j. gecco. 2021. e01747.

TÖRÖK P, JANIŠOVÁ M, KUZEMKO A, et al., 2018. Grasslands, their Threats and Management in Eastern Europe. // Grasslands of the World: Diversity, management and conservation [M]. Boca Raton, US:CRC Press.

TSOGTBAATAR J, KHUDULMUR S, 2013. Desertification atlas of Mongolia[M]. Ulaanbataar: Mongolia Academy of Sciences and Mongolian Ministry of Environment and Green Development.

TUVSHINTOGTOKH I, 2014. Grassland in Mongolia and Their Degradation Indicator Plants [C].//Proceeding of International Symposium on the East Asia Environmental Problems. Inamori Center, Kyushu University, Fukuoka, Japan, Volume: 8.

TYLLIANAKIS E, MARTIN-ORTEGA J, 2021. Agri-environmental schemes for biodiversity and environmental protection: How we are not yet "hitting the right keys"[J/OL]. Land Use Policy, 109:105620. [2024-07-09]. https://www. sciencedirect. com/science/article/abs/pii/ S0264837721003434. https://doi. org/10. 1016/j. landusepol. 2021. 105620.

TZEMI D, MENNIG P, 2022. Effect of agri-environment schemes (2007—2014) on groundwater quality: spatial analysis in Bavaria, Germany[J]. Journal of Rural Studies,91:136-147.

UK Government, 2017. GS6: Management of species-rich grassland[EB/OL]. [2022-09-23]. https://gistures. dynu. net/countryside-stewardship-grants/management-of-species-rich-grassland-gs6.

UNESCO (United Nations Educational, Scientific, and Cultural Organization), 1973. Internationalclassification and mapping of vegetation[R]. Series 6. Ecology and Conservation. [2024]. https://unesdoc. unesco. org/ark:/48223/pf0000005032/PDF/005032qaab. pdf. multi.

United Republic of Tanzania, 2014. Guidelines for Sustainable Management and Utilization of Rangelands In Tanzania[EB/OL]. [2024-03-09]. https://www. vpo. go. tz/uploads/publications/en-1592641318-GUIDELINES-FOR-SUSTAINABLE-MANAGEMENT-AND-UTILIZATION-OF-RANGELANDS-IN-TANZANIA. pdf.

US Congressional Research Service, 2024. The 2018 Farm Bill (P. L. 115-334): Summary and side-by-side comparison[R]. [2024-09-10]. https://crsreports. congress. gov/product/pdf/R/R45525.

USDA Farm Service Agency, 2024. Grassland Conservation Reserve Program (CRP)[EB/OL]. [2024-10-07]. https://www. fsa. usda. gov/Assets/USDA-FSA-Public/usdafiles/FactSheets/2024/fsa_grassland_crp_factsheet_05_29-2024. pdf.

VETTER S, 2013. Development and sustainable management of rangeland commons-aligning policy with the realities of South Africa's rural landscape[J]. African Journal of Range & Forage Science,30(1/2):1-9.

WESTHOEK H, van Zeijts H, WITMER M, et al.,2012. Greening the CAP: An analysis of the effects of the European Commission's proposals for the Common Agricultural Policy 2014-2020 [R]. PBL:Netherlands Environment Assessment Agency.

WHITE R P, MURRAY S, ROHWEDER M,2000. Pilot analysis of global ecosystems:Grassland ecosystems[R]. World Resources Institute. [2024-08-23]. http://pdf. wri. org/page_grasslands. pdf.

WILLNER W, MOSER D, PLENK K, et al.,2021. Long-term continuity of steppe grasslands in eastern Central Europe: Evidence from species distribution patterns and chloroplast haplotypes [J]. Journal of Biogeography,48:3104-3117.

World Bank, 2009. Mongolia livestock sector study I-Synthesis report[R/OL]. [2024-10-10]. https://documents1. worldbank. org/curated/en/299141468323712124/pdf/502770ESW0P0960 phesis0Report0final. pdf.

WTR, 2014. The Wildlife Trusts. Wayfaring Tree[EB/OL]. [2021-04-05]. http://www. wildlifetrusts. org/species/wayfaring-tree.

WWF, 2014. World grassland types[EB/OL]. [2022-07-29]. https://www. worldwildlife. org/publications/world-grassland-types.

WWF, 2015. Promotion de la Biodiversité-Enherbement direct de prairies riches en espèces dans l'agriculture[EB/OL]. [2022-09-22]. https://www. wwf-ouest. ch/fileadmin/user_upload_ section_west/Docs/Biodiversite_chez_soi/Enherbements_direct_AGRIDEA. pdf.

YAN Z, GAO Z, SUN B, et al., 2023. Global degradation trends of grassland and their driving factors since 2000. International Journal of Digital Earth, 16(1), 1661-1684.

YKHANBAI H, MINJIGDORJ B, BULGAN E, et al., 2004. Co-Management of Pastureland in Mongolia[R]. Mongolia: Ministry for the Nature and the Environment.

YU Y, YAN J Z, WU Y, 2023. Review on the Socioecological Performance of Grassland Ecological Payment and Award Policy with the Consideration of an Alternate Approach for Nonequilibrium Ecosystems. Rangeland Ecology & Management, 87:105-121.